간단하게 완성하는 맛있고 멋있는 한 접시

오니쿡 요리책

오니쿡 요리책

—

2022년 12월 29일 1판 1쇄 발행
2023년　4월　5일 1판 3쇄 발행

—

지은이 조윤희
펴낸이 이상훈
펴낸곳 책밥
주소 03986 서울시 마포구 동교로23길 116 3층
전화 번호 02-582-6707
팩스 번호 02-335-6702
홈페이지 www.bookisbab.co.kr
등록 2007.1.31. 제313-2007-126호

—

표지 디자인 디자인허브
본문 디자인 지화경

—

ISBN 979-11-90641-92-0 (13590)
정가 20,000원

ⓒ 조윤희, 2022

책밥은 (주)오렌지페이퍼의 출판 브랜드입니다.

간단하게 완성하는 맛있고 멋있는 한 접시

오니쿡 요리책

조윤희 지음

책밥

요즘 들어 '언제부터 어떻게 요리를 시작하게 되었나요?'라는 질문을 자주 듣습니다. 그럴 때면 늘 분명하게 대답하지 못하곤 해요. 기억을 더듬어 보면 학교 다닐 땐 쿠키나 주먹밥을 만들어 친구들에게 나눠주며 행복해했고, 독립 후에는 스스로를 위한 자취 요리를 만들며 뿌듯해했고, 주방이 잘 갖춰지고 나서부터는 친구들을 자주 초대해 식탁을 한가득 채워 대접하며 즐거움을 느끼곤 했습니다. 이렇게 적고 보니 인생의 행복한 기억에 요리가 빠졌던 순간이 없던 것 같아요. 요리를 시작하게 된 계기는 모호하지만 요리를 좋아하는 이유는 단숨에 말할 수 있습니다. 아주 작은 일이지만 '해냈다'는 성취감을 얻을 수 있다는 점, 완성된 음식을 사랑하는 이들과 나누며 행복을 더욱 크게 느낄 수 있다는 점이에요.

저는 전문적으로 요리를 배우진 않았지만 다양한 음식을 경험하고 색다른 음식을 만들어 보는 걸 누구보다 좋아합니다. 덕분에 저만의 요리 취향을 찾을 수 있었던 것 같아요. 그렇게 좋아하는 레시피를 SNS에 차곡차곡 기록한 지도 3년, '오니쿡 레시피'에는 감사하게도 '만들기 쉬우면서도 근사하고, 재미있고, 조합이 색다르다'는 후기가 따르곤 합니다. 오니쿡스럽게 개발한 요리가 어느덧 수십 가지에 달해 한 권의 책으로 선보일 수 있게 되었네요. SNS에서는 세세하게 전하기 힘들었던 자그마한 팁까지 모아 알찬 책을 완성했습니다. 자꾸만 꺼지는 휴대폰 화면이 아닌 오랫동안 소장 가능한 종이책으로 레시피를 전할 수 있게 되어 기쁩니다. 책을 펼쳐 놓고 한 접시의 음식을 찬찬히 만들어 보는 재미를, 포스트잇을 붙여가며 취향을 더해 나만의 레시피로 완성시키는 행복을 느껴보세요. 책 속의 레시피들을

다 만들어 볼 순 없겠지만 이 책의 부제처럼 간단하면서도 맛있고, 멋있는 음식들이 여러분의 식탁에 꼭 한 번이라도 올랐으면 좋겠습니다.

어릴 적 할머니가 지어주신 소중한 별명으로 요리 아카이빙 계정을 만들었을 때, 이렇게 '오니쿡'이라는 이름을 걸고 책을 펴낼 줄은 전혀 몰랐습니다. 옛날부터 꿈이 있는 사람이 참 부러웠는데 이 책을 쓰면서 꿈을 품고 실현해 나가는 기쁨을 느꼈습니다. 책을 만들 수 있게 추진하고 도와준 편집자님과 출판사 관계자분들에게 감사의 인사를 전합니다. 회사 업무 외 시간을 할애해 책을 만드느라 분주했던 저를 응원하고 격려해 준 가족과 친구들에게도 고맙고 사랑한다는 말을 전하고 싶어요. 책 소식을 듣고 저보다 더 기뻐해주던 이들의 얼굴이 하나하나 전부 기억에 남아 있습니다. 기나긴 과정을 잘 마무리 지은 저에게도 아낌없는 칭찬을 보내봅니다. 그리고 무엇보다 제 레시피를 활용해 보고 늘 애정을 표현해 주는 오니쿡 구독자분들에게 진심으로 감사드립니다! 앞으로도 우리 같이 맛있는 거 많이 만들어 먹어요.

이 책을 통해 요리에 서툰 분들도 어렵지 않게 자신을 위한, 그리고 사랑하는 이들을 위한 음식을 만들 수 있길 바랍니다.

2022년 겨울, 조윤희 드림

PASTA
PLATE

SALAD
PLATE

DESSERT
PLATE

계량

- 이 책에 소개된 레시피의 계량은 밥숟가락, 계량컵 기준입니다.
- 계량하기 어려운 소량의 양은 '1꼬집', '약간'이란 표현을 사용했습니다. 2가지 모두 손으로 집어넣는 정도의 적은 양입니다. 이렇게 표기되어 있는 경우 맛을 보며 간을 맞추세요.
- 세척용 소금, 끓는 물에 추가하는 소금 등은 재료 리스트에 포함하지 않았습니다. 헷갈리지 않도록 조리 과정에 (괄호)를 사용해 표기했습니다.
- 파스타 면을 삶을 때는 면 80~100g 기준으로 물에 소금 1/2큰술을 추가합니다. 간이 된 면수를 따로 덜어 두었다가 사용하는 레시피가 많으니 참고해 주세요.
- 소스를 만들 때는 가루류를 먼저 계량합니다. 이후 액체, 기름, 장류 중에서 참기름을 가장 먼저 계량하면 다른 소스들이 숟가락에 달라붙지 않아 편리하고 정확한 계량을 할 수 있어요.

재료 손질

- 채소는 별도의 표기가 없는 경우라도 씻은 후 지저분한 부분을 손질하고 물기를 제거해 사용합니다.
- 과일은 씻어서 껍질을 벗겨 사용합니다. 레몬 등 껍질을 사용하는 경우 베이킹소다를 섞은 물에 담갔다가 세척합니다.

**조리
과정**

- 가스레인지 기준으로 불 세기를 제시했습니다. 주방 환경에 따라 조리 시간이나 불 세기는 적절히 조절해 주세요. 주의해야 할 과정은 조리 상태를 보며 확인할 수 있도록 레시피를 상세히 서술했습니다.

- 소스를 미리 섞지 않고 가열 도중 팬이나 냄비에 소스 재료를 하나씩 넣을 경우 잠시 불에서 내려 작업하면 실수를 줄일 수 있습니다.

- 총 조리 분량은 메뉴의 특성에 따라 한 번에 만들기 편한 양으로 제시했습니다. 주로 한 접시를 기준으로 제시한 메뉴가 많습니다. 손님 초대 시 분량을 파악하여 배합을 늘리거나 2~3가지 정도의 메뉴를 준비하길 추천합니다.

- 총 조리 시간은 대략적인 흐름을 파악하기 위한 목적으로 표기한 것이기에 상황에 따라 달라질 수 있습니다. 숙성시키기 등 기다리는 시간이 긴 과정은 따로 기입했습니다.

**책의
구성**

- 메뉴는 Rice / Pasta / Meat & Seafood / Vegetable / Salad / Dessert 6가지로 분류되어 있으며 300쪽에 어울리는 세트 메뉴를 추천하고 있습니다. 추천 조합이 아니더라도 상황과 취향에 맞게 메뉴를 적절히 조합해 보세요.

- 영문 메뉴명 표기는 한글 메뉴명 표기 순서에 맞춰 직관적으로 기입했습니다.

- @oneecook 인스타그램에서 반응이 가장 좋았던 베스트 메뉴 7가지를 선정해 '♥onee pick' 표기를 해 두었습니다. 추천 메뉴만큼은 놓치지 말고 꼭 따라 만들어 보세요.

RICE
PLATE

버섯
도리아

Mushroom Doria

20분 * 1~2인분

재료

밥 1과 1/2공기
버섯 200g(양송이, 느타리,
표고, 미니 새송이 등)
쪽파 6줄기
마늘 4쪽
버터 20g
피자치즈 60g
올리브 오일 4큰술
소금 1꼬집
통후추 약간

소스

굴소스 1과 1/2큰술
올리고당 2큰술

고기 한 점 안 들어가는데 어떻게 이런 맛이 날까 싶은 버섯 요리예요. 호불호 없이 누구나 좋아할 만한 달큰한 맛의 볶음밥에 버터 풍미를 더하고 치즈를 듬뿍 녹여냈어요. 숟가락으로 큼지막하게 떠먹어야 제맛이랍니다. 냉장고에 남아있는 재료를 털어내기에도 유용해요.

Recipe

1 버섯은 밑동을 제거한 후 얇게 썰거나 손으로 가늘게 찢어 준비한다.

2 쪽파는 손가락 두 마디 길이로 썰고, 마늘은 편 썬다.

3 달군 팬에 올리브 오일을 두르고 마늘을 먼저 넣어 약불에서 볶다가 쪽파를 더해 기름에 향을 입힌다.

4 쪽파의 숨이 죽으면 모든 버섯을 넣고 소금, 후추를 더해 간을 맞춘다. 이때부터는 센불에서 볶는다.

5 버섯이 익어 부드러워지면 버터를 넣고 녹여가며 재료에 코팅시키듯 볶는다.

6 버섯이 노릇해지면 밥, 굴소스, 올리고당을 넣고 섞어가며 볶는다.
  ＊ 주걱을 세워 가르듯이 섞어야 밥이 질어지지 않는다.

7 그릇에 담고 피자치즈를 뿌려 녹인다. ＊ 오븐, 발뮤다 토스트기, 전자레인지, 토치 등을 활용한다.

onee tip

・손님을 초대해 여러 가지 음식을 내야 할 경우 과정 ⑥까지 미리 만들어 두었다가 먹기 직전에 치즈만 올려 데우면 준비 시간을 줄일 수 있어요.
・시판 버터 용량은 보통 200g이므로 사진처럼 칼집을 넣어 10등분 표시를 해 두면 한 조각당 20g씩 계량하기 편해요.

닭다리살
덮밥

Chicken Rice Bowl

25분 * 1인분

재료
밥 1공기
닭다리살 200g
꽈리고추 7개(40g)
표고버섯 2개
후리가케 1큰술(생략 가능)
달걀 노른자 1개
순후추 적당량
식용유 1큰술

소스
간장 2큰술
맛술 2큰술
올리고당 2큰술
생강가루 1/2작은술

야들야들한 닭다리살, 간장 소스 맛이 듬뿍 밴 꽈리고추와 버섯을 얹은 덮밥입니다. 꽈리고추의 살짝 매콤한 맛이 전체적인 균형을 잡아줘 마지막 한입까지 맛있게 먹을 수 있어요. 초벌한 재료와 소스를 미리 준비해 두면 휘리릭 졸여 손님상에 내기 편해요. 도시락 메뉴로도 제격이랍니다.

Recipe

1 닭다리살은 씻어 물기를 제거한 후 후추를 뿌려 잠시 버무려 둔다.

2 표고버섯은 밑동을 제거하고 두툼하게 편 썬다.

3 마른 팬에 꽈리고추, 표고버섯을 넣고 노릇하게 구운 후 덜어 둔다.

4 달군 팬에 식용유를 두른 후 닭다리살을 넣어 앞뒤로 노릇하게 굽는다.

5 닭다리살은 두툼하여 겉면만 익을 수 있으니 중간에 가위로 2등분해 속까지 잘 익힌다.

6 팬에 소스 재료를 모두 넣고 끓이다가 살짝 점성이 생기기 시작하면 닭다리살, 꽈리고추, 표고버섯을 넣고 양념이 잘 배도록 졸인다.

7 그릇에 밥을 담고 후리가케, ⑥의
팬에 남은 간장 소스를 뿌린다.

8 양념에 졸인 재료를 밥 위에 올린다. 불향을 더하고 싶다면 내열 그릇에 재
료를 담고 토치로 겉면을 구운 후 올린다.

• 토핑으로 옥수수를 곁들이면 보기에도 좋고 아삭한 식감과 단맛을
더할 수 있어요. 편의점에서 판매하는 '노랑옥수수' 또는 통조림 옥
수수를 사용하면 간편해요.

• 지방이 있는 부위를 선호하지 않는다면 닭안심이나 닭가슴살을 사
용하세요.

9 달걀 노른자를 올린다.

크래미
오이초밥

Crab Cucumber Sushi

30분 · 1인분

재료
밥 1공기
오이 1개
크래미 100g
소금 1작은술
마요네즈 3큰술
순후추 약간

크래미 오이초밥은 슴슴하지만 묘한 매력이 있어 입맛 없을 때
오히려 더 생각나는 음식이에요. 절인 오이의 식감과 고소한 맛
의 크래미 마요가 어우러져 내는 시너지를 느껴보세요. 하나씩
집어 먹기 편해 손님상이나 도시락 메뉴로도 추천합니다.

Recipe

1 오이는 필러로 얇게 슬라이스한다.

2 소금에 20분간 절인다.

3 크래미는 손으로 잘게 찢어 볼에 담는다.

4 크래미에 마요네즈, 후추를 넣고 골고루 버무린다.

5 절인 오이는 흐르는 물에 가볍게 헹군 후 물기를 꼭 짠다.

6 손에 물을 묻혀가며 밥을 한입 크기로 동그랗게 뭉친다.

7 뭉친 밥에 절인 오이를 돌돌 말아
   감싼다.

8 그릇에 오이초밥을 담고 그 위에
   크래미 마요를 듬뿍 얹는다.

 새빨간 청어알 젓갈을 조금씩 올리면 시각적으로 포인트가 되고 맛도
더 좋아져요.

버섯 소스
오므라이스

Mushroom Sauce Omelette

20분 * 1인분

재료

밥 1공기(또는 볶음밥)
느타리버섯 150g
양파 1/2개
버터 20g
달걀 2개
소금 1꼬집
식용유 적당량

소스

케첩 2큰술
간장 1큰술
돈가스 소스 3큰술
올리고당 1과 1/2큰술
물 75ml

느타리버섯을 잔뜩 넣고 만든 버섯 소스와 부드러운 달걀부침을 밥에 올려 살살 비벼 먹는 오므라이스입니다. 버섯 소스는 케첩과 돈가스 소스 베이스에 버터를 더해 너무 짜지 않으면서도 풍미 가득하게 만든 것이 특징이에요. 함박스테이크 또는 돈가스에 곁들이는 소스로도 활용할 수 있어요.

Recipe

1 느타리버섯은 밑동을 제거하고 손으로 찢는다. 양파는 채 썬다.

2 달군 팬에 버터를 녹인 후 양파를 넣어 볶는다.

3 양파가 반쯤 투명해지면 느타리버섯을 더해 볶는다.

4 버섯이 부드러워지고 물기가 나오기 시작하면 소스 재료를 모두 넣고 한소끔 끓인다. 충분히 걸쭉해질 때까지 졸인다.

5 볼에 달걀, 소금을 넣고 잘 풀어준다.

6 달군 팬에 식용유를 두르고 약불로 충분히 예열한다. 달걀물을 붓자마자 스크램블에그를 만들 듯 젓가락으로 휘젓는다. ＊ 밑면이 익기 시작하면 그대로 형태가 유지될 정도로만 반숙으로 익힌다.

7 흰쌀밥 또는 취향에 따라 만든 볶음밥을 그릇에 담는다.

8 그 위에 달걀부침을 올리고 버섯 소스를 붓는다.

항정살
덮밥

Pork Rice Bowl

♥onee pick

20분 · 1인분

재료

밥 1공기
항정살 160g
양배추 100g
달걀 노른자 1개

소스

간장 2큰술
맛술 2큰술
올리고당 2큰술
생강가루 1/2작은술

간장 소스에 졸인 쫀득쫀득한 항정살과 가늘게 채 썰어 아삭한 양배추를 소복이 올린 덮밥입니다. 간단하면서도 푸짐한 덮밥이야말로 완벽한 원 플레이트 음식이 아닐까요? 비빔밥처럼 마구 비비지 말고 가운데 노른자를 젓가락으로 톡 터뜨린 후 밥 위에 재료를 조금씩 올려 맛보세요.

Recipe

1 양배추는 최대한 가늘게 채 썬다.
＊양배추용 넓은 채칼을 사용하면 편리하다.

2 달군 팬에 항정살을 넣고 90% 이
상 구운 후 덜어 둔다.

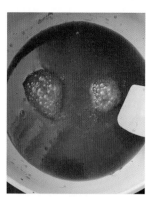

3 팬의 기름기를 닦아내고 소스 재
료를 모두 넣어 중불에서 끓인다.

4 소스가 끓어오르면 약불로 줄이
고 구운 고기를 넣는다. 소스가 걸
쭉해져 고기에 스며들 때까지 졸
인다.

5 볼에 밥을 담는다. ＊후리가케를 뿌
리면 더 맛있게 즐길 수 있다.

6 채 썬 양배추를 소복하게 올린다. 가운데를 오목하게 눌러 노른자 자리를 만들어 둔다.

7 ④에서 고기를 졸이고 남은 소스 를 양배추 위에 붓는다.

8 가장자리에 고기를 둘러 올린 후 가운데 노른자를 얹는다.

onee tip

· 취향에 따라 꽈리고추, 대파, 버섯 등을 구운 후 곁들여 푸짐하게 즐 겨보세요.

· 목살, 삼겹살 등 돼지고기의 다른 부위를 사용해도 좋아요.

대게살
솥밥

Snow Crab Pot Rice

30분(+쌀 불리기 30분)
* 3인분

재료
쌀 300g(불리기 전)
대게살 120g
아스파라거스 4개
옥수수 1개
참기름 1큰술
버터 10g+20g

육수
뜨거운 물 300ml
쯔유 2큰술

연두색, 분홍색, 노란색 예쁜 색감의 조화만큼이나 맛과 영양도
균형을 이루는 대게살 솥밥. 뜨거울 때 버터 한 조각을 올려 잘
섞은 후 한 숟갈 가득 입에 넣으면 고소함 속에 다양한 식감이
만들어 내는 재미를 느낄 수 있습니다. 별도의 양념이 필요 없을
정도로 밥 자체가 하나의 일품요리예요.

Recipe

1 쌀은 씻은 후 30분간 불렸다가 체에 밭쳐 물기를 뺀다.

2 뜨거운 물에 쯔유를 넣어 간단하게 밥 육수를 만든다. * 취향에 따라 쯔유 대신 다시마 등을 우린 육수를 만들어 사용해도 된다.

3 옥수수는 알이 흩어지지 않도록 심지에 가깝게 칼을 대고 썬다. 아스파라거스는 3cm 길이로 썬다.

4 솥밥용 솥에 참기름을 두르고 불린 쌀을 넣어 센불에서 볶는다.

5 쌀알에 기름이 전체적으로 코팅되면 육수를 붓고 옥수수를 올린다. 타이머로 20분을 맞추고 최대한 약불로 줄인다. * 육수의 양은 쌀이 담긴 높이보다 1cm 정도 올라오게 붓는 것이 적당하다.

6 밥이 지어지는 동안 달군 팬에 버터(10g)를 녹인 후 아스파라거스를 넣고 식감이 살아있도록 겉만 살짝 익힌다.

7 타이머로 맞춰 둔 20분이 지나면 밥 위에 대게살, 아스파라거스를 올리고 뚜껑을 덮어 5분간 뜸을 들인다.

8 마지막으로 버터(20g)를 올려 녹여가며 골고루 섞은 후 그릇에 덜어 먹는다.

 초당옥수수가 제철인 시기엔 옥수수 심지까지 넣어 밥을 지으면 더 맛있어요. 이렇게 할 경우 뜸 들이기 전에 심지를 빼면 됩니다. 편의점에서 판매하는 '노랑옥수수'를 사용하면 계절과 상관없이 옥수수밥을 즐길 수 있어요. 통조림 옥수수를 사용해도 무방합니다.

소시지 샐러드 김밥

Sausage Salad Gimbap

15분 * 2줄

재료

김밥 김 2장
밥 1과 1/2공기
소시지 5개(손가락 길이)
샐러드용 잎채소 6장
단무지 2줄
참기름 약간

소스

마요네즈 1큰술
식초 1/2큰술
소금 2꼬집
설탕 2꼬집
통후추 약간

재료 준비가 간단해 자주 만들어 먹게 되는 김밥입니다. 별다른 손질 없이 휘리릭 만들 수 있는 채소 샐러드를 듬뿍 채운 것이 특징이에요. 톡톡 씹히는 소시지와 아삭한 샐러드의 조화로움을 느껴보세요. 꼭 많은 재료를 넣지 않아도 김밥은 언제나 참 맛있어요.

Recipe

1 소시지는 굽거나 끓는 물에 데쳐서 준비한다. * 긴 모양의 '청정원 리치부어스트' 제품으로 끓는 물에 3분간 데쳐 사용했다.

2 잎채소는 굵게 채 썬 후 소스 재료와 버무린다. * 로메인, 상추 등을 추천하며 양배추를 사용할 경우 좀 더 가늘게 채 썬다.

3 김 면적의 60% 정도 밥을 깔고 단무지 1줄, 소시지, 샐러드를 올린다.

4 단단하게 돌돌 말아 참기름을 바른 후 먹기 좋은 크기로 썬다.

onee tip 곡물밥과 닭가슴살 소시지를 활용하면 다이어트 식단으로도 적합해요.

소보로
솥밥

Beef Soboro Pot Rice

30분(+쌀 불리기 30분)
* 3인분

재료
쌀 300g(불리기 전)
다진 소고기 200g
참기름 1큰술

육수
뜨거운 물 300ml
쯔유 2큰술

소스
간장 2큰술
맛술 1큰술
올리고당 2큰술
생강가루 1작은술
순후추 약간

이 솥밥은 아이와 어른 할 것 없이 좋아할 만한 메뉴라고 자신합니다! 고소하게 지은 솥밥 위에 달큰한 간장 소스로 볶은 소고기 소보로를 올려 먹는 메뉴인데요. 쓱싹 비벼 먹다 보면 어느새 두 번째 밥공기를 채우고 있는 자신을 발견하게 될 거예요. 김치 등의 짭조름한 밑반찬을 곁들이면 더 맛있습니다.

Recipe

1 쌀은 씻은 후 30분간 불렸다가 체에 밭쳐 물기를 뺀다.

2 뜨거운 물에 쯔유를 넣어 간단하게 밥 육수를 만든다. * 취향에 따라 쯔유 대신 다시마 등을 우린 육수를 만들어 사용해도 된다.

3 솥밥용 솥에 참기름을 두르고 불린 쌀을 넣어 센불에서 볶는다.

4 쌀알에 기름이 전체적으로 코팅되면 육수를 붓고 타이머로 20분을 맞춘 후 최대한 약불로 줄인다. * 육수의 양은 쌀이 담긴 높이보다 1cm 정도 올라오게 붓는 것이 적당하다.

5 밥이 지어지는 동안 달군 팬에 소고기를 넣고 볶다가 붉은기가 사라지면 소스 재료를 모두 넣어 졸인다. * 간장을 먼저 넣으면 화르르 타오를 수 있으니 잠시 불에서 내려 올리고당부터 넣는다.

6 타이머로 맞춰 둔 20분이 지나면 밥 위에 소고기 소보로를 올리고 뚜껑을
   덮어 5분간 뜸을 들인다.

7 골고루 섞은 후 그릇에 덜어 먹는다.

onee
tip 남은 솥밥은 구운 주먹밥으로 즐겨보세요. 둥글납작하게 밥을 뭉친 후
     내열 그릇에 담고 토치로 겉면을 바싹 구우면 완성돼요.

마리모
주먹밥

Marimo Rice Ball

15분 * 1인분

재료
밥 1공기
구운 감태김 2~3장
소금 1/2작은술
참기름 1큰술

소스
명란젓 1큰술
마요네즈 1큰술
순후추 약간

단무지 무침
단무지 170g
고춧가루 2작은술
참기름 1큰술
참깨 1큰술
다진 대파 또는 쪽파 1큰술

동그란 애완용 수초 '마리모(マリモ)'를 아시나요? 감태를 활용하면 푸릇푸릇 마리모를 꼭 닮은 귀여운 주먹밥을 금세 만들 수 있어요. 마지막에 명란 마요 소스를 쭉 짜서 올리고, 매콤하게 무친 단무지 무침을 곁들이면 더욱 맛있고 근사한 한 접시가 완성됩니다.

Recipe

1 고슬고슬하게 지은 밥에 소금, 참기름을 넣고 섞는다. ＊ 주걱을 세워 가르듯이 섞어야 밥이 질어지지 않는다.

2 손에 물을 묻혀가며 밥을 적당한 크기로 동그랗게 뭉친다.

3 위생팩에 감태김을 넣고 손으로 잘게 부순다.

4 주먹밥을 1개씩 ③에 넣고 굴려가며 감태김을 골고루 묻힌다.

5 볼에 소스 재료를 넣고 섞는다. ＊ 튜브 타입의 명란젓을 사용하면 편리하다. 양념이 된 명란젓이라면 물에 가볍게 헹군 후 껍질을 제거하고 사용한다.

6 그릇에 주먹밥을 담고 그 위에 소스를 조금씩 올린다.

7 볼에 단무지 무침 재료를 넣고 무
친다. 그릇의 한쪽에 곁들인다.

고구마
낫토밥

Sweet Potato Natto Rice

30분 * **3인분**

재료

쌀 300g

물 300ml

호박고구마 250g

다시마 2조각(4g)

낫토 1통(30~45g)

참기름 1큰술

* 낫토, 참기름 분량은 밥 1공기 기준

낫토를 좋아한다면 한 번쯤 아보카도, 달걀 등과 함께 덮밥으로 즐겨봤을 텐데요. 더 간단하면서도 재료의 조합이 훌륭한 레시피를 소개합니다. 노오란 고구마를 듬뿍 넣고 밥을 지은 후 낫토를 저어 올리면 완성되는 요리입니다. 달콤한 고구마와 간을 더 해주는 낫토를 함께 먹으면 씹을수록 고소하고 달콤한 맛을 느낄 수 있어요.

1 고구마는 껍질을 제거하고 불규칙한 모양으로 큼지막하게 어슷썬다.

2 전기밥솥에 쌀과 동량의 물을 넣고 다시마, 고구마를 올려 밥을 짓는다.

3 밥이 완성되면 다시마는 제거하고 그릇에 1인분씩 덜어 담는다.

4 젓가락으로 낫토를 여러 번 젓는다.

5 고구마밥 위에 낫토를 얹고 참기름을 1큰술씩 더한다.

 취향에 따라 달걀프라이, 가지와 오크라 등의 채소구이, 김가루를 올려도 좋아요.

스팀 살치살
솥밥

Steam Beef Pot Rice

30분(+쌀 불리기 30분)
* 2인분

재료
살치살 200g(갈비살 등
지방이 많은 부위)
쪽파 10줄기
쌀 200g(불리기 전 무게)
버터 15g
참기름 1큰술
오로시 소스 2큰술
순후추 약간

육수
뜨거운 물 200ml
쯔유 1큰술

고기를 구워 올리는 일반적인 스테이크 솥밥과는 다르게 뜨거운 밥의 스팀을 이용해 고기를 쪄내는 방식의 솥밥입니다. 버터에 볶은 쪽파를 듬뿍 더해 입안 가득 고소한 맛을 느낄 수 있어요. 고기를 레어 느낌으로 부드럽게 익혀내기에 꼭 신선한 고기를 사용하세요.

Recipe

1 쌀은 씻은 후 30분간 불렸다가 체에 밭쳐 물기를 뺀다.

2 뜨거운 물에 쯔유를 넣어 간단하게 밥 육수를 만든다. ＊ 취향에 따라 쯔유 대신 다시마 등을 우린 육수를 만들어 사용해도 된다.

3 살치살은 키친타월로 핏물을 제거하고, 쪽파는 5cm 길이로 썬다.

4 살치살은 사방 1~1.5cm 정도 크기로 작게 썬 후 볼에 담는다. 오로시 소스, 후추를 넣고 버무린다.

5 솥밥용 솥에 버터를 녹인 후 쪽파를 넣어 볶는다. 쪽파가 노릇해지면 잠시 건져 둔다.

6 솥밥용 솥에 참기름을 두르고 불린 쌀을 넣어 센불에서 볶는다.

7 쌀알에 기름이 전체적으로 코팅되
면 육수를 붓는다. 타이머로 20분
을 맞추고 최대한 약불로 줄인다.
* 육수의 양은 쌀이 담긴 높이보다
1cm 정도 올라오게 붓는 것이 적당
하다.

8 타이머로 맞춰 둔 20분이 지나면
밥 위에 양념에 버무린 고기를 평
평하게 펼쳐 올리고 뚜껑을 덮어
10분간 뜸을 들인다.

9 볶아 둔 쪽파를 더해 골고루 섞은
후 그릇에 덜어 먹는다.

 오로시 소스는 간 무가 들어간 간장 소스로 국내에서는 '메종드율'이라
는 사이트에서 구입할 수 있습니다. 스키야키용 타래 소스로 대체 가능
합니다.

지라시
스시

Chirashi Sushi

30분(+밥 짓기 20분)
＊ 2인분

재료
밥 2공기
건 표고버섯 2개
연근 60g
당근 40g
새우 7~8마리
오크라 2개
풋콩 7개
날치알 20g
시소 잎 3장
달걀 2개
쯔유 1큰술
김가루 약간
생 와사비 약간

단촛물
식초 4큰술
설탕 2큰술
소금 1큰술
올리고당 1큰술
간장 1큰술
맛술 1큰술

지라시 스시는 '흩뿌림 초밥'이라는 뜻의 일본 음식이에요. 집에서도 어렵지 않게 만들 수 있어 스시가 먹고 싶은 날 종종 만들곤 합니다. 밥에 당근, 연근, 표고버섯을 넣어 식감을 더하고, 토핑으로는 알록달록 다양한 재료를 소복이 올려 완성했어요. 여러 가지 재료를 활용해 손은 많이 가지만 그만큼 비주얼과 맛에서 정성이 가득 느껴진답니다.

Recipe

1 건 표고버섯을 물에 불린 후 버섯 물을 활용해 밥을 짓는다. ＊생 표고버섯을 사용할 경우 일반 밥을 지어도 무방하다.

2 장식용 연근 2개는 꽃 모양으로 조각내고, 나머지는 굵게 다진다.

3 버섯과 당근은 짧게 채 썬다.

4 냄비에 단촛물 재료를 넣고 불을 켠다. 끓어오르면 연근, 버섯, 당근을 넣고 당근의 아삭함이 사라지지 않을 정도로만 살짝 졸인다.

5 볼에 밥을 담고 ④의 채소와 단촛물을 넣고 섞는다. ＊주걱을 세워 가르듯이 섞어야 초밥이 질어지지 않는다.

6 달걀에 쯔유를 넣어 섞은 후 달군 팬에 부어 지단을 만든다. 채 썰어 준비한다.

7 새우, 오크라, 풋콩은 끓는 물에 살짝 데쳐 준비한다.

8 깊은 그릇에 ⑤의 초밥을 담는다.

재료를 데치는 번거로움을 덜고 싶다면 날치알, 연어알, 생연어 등을 활용하세요. 구하기 어려운 오크라는 오이나 새싹 채소로 대체해도 좋습니다. 토핑 재료는 적절히 생략하고 대체해도 무방해요.

9 모든 재료를 예쁘게 올려 완성한다. 마지막에 김가루와 와사비를 더한다. 완성된 지라시 스시는 비벼먹지 않고 재료를 조금씩 떠서 즐긴다.

은근히 유용한 조리도구

필수 조리도구는 아니지만
하나쯤 갖고 있으면 요긴하게 사용할 수 있는 아이템을 소개합니다.

01 **실리콘 주걱** | 있고 없고 차이가 은근히 큰 도구 중 하나예요. 너무 크지 않은 사이즈로 구비해 두면 재료 손실을 막을 수 있고, 조리에 사용한 그릇이 깨끗해 설거지하기에도 편합니다.

02 **파이렉스 계량컵** | 파이렉스 브랜드의 500ml 계량컵은 라면물 조절부터 각종 계량에 유용합니다. 손잡이가 있어 액체를 따르기가 편리하고, 달걀을 풀거나 소량의 반죽을 할 때도 자주 사용하게 돼요. 외관이 예쁜 것도 장점이에요.

03 **세척용 볼** | 쌀, 채소 세척에 편리함을 더해주는 일명 '씨쳐볼'. 친구들이 자취를 시작한다고 하면 선물로 꼭 사줄 정도로 별것 아닌 것 같지만 요리의 질을 올려주는 아이템이랍니다.

04 **타이머** | 여러 가지 요리를 한 번에 만들거나 솥밥을 지을 때 타이머는 필수예요. 타이머가 없다면 휴대폰 음성 명령으로 시리나 빅스비에게 "00분 후에 알려줘~"를 외쳐 보세요. 저는 요리할 때 잘 쓰는 기능이랍니다.

05 **토치** | 오니쿡 요리에는 토치를 사용하는 메뉴가 많아요. 토치를 구비해 두면 음식에 불 향을 입힐 수 있어 색다른 풍미를 낼 수 있습니다. 치즈를 올려 녹일 때, 고기 요리의 마무리 단계에서 활용하기 좋습니다.

06 **미니 절구** | 미니 절구를 구비해 두면 재료를 간편하게 으깨고 다질 수 있습니다. 견과류나 참깨 등을 다지거나, 소량의 마늘을 바로 빻아 쓸 때 유용해요.

07 **깨갈이** | 먹기 직전에 참깨를 갈아 사용해야 특히 맛있는 요리들이 있어요. 들기름 메밀소바(74쪽)처럼 깨가 많이 들어가는 요리에 깨갈이를 활용하면 아주 유용합니다. 작동되는 방식에 따라 수동, 전동 제품이 있는데 선호도에 따라 구비하세요.

08 **스파이럴라이저** | 이름부터 모양까지 낯선 이 도구는 채소를 면처럼 만들 때 사용합니다. 애호박, 주키니, 당근처럼 길쭉한 채소를 칼날에 꽂고 돌리면 돼요. 채식하는 분들에게 특히 추천해요.

09 **파스타 면 계량기** | 파스타 면은 눈대중으로 계량하기 은근히 힘든 재료예요. 정확한 계량을 위해 전용 계량기를 구비해 두길 추천해요. 특히 2인분 이상의 양을 만들 때 유용합니다.

10 **잘라쓰는 면보** | 두부, 채소 등의 물기를 짜낼 때 필요한 만큼, 알맞은 크기로 잘라 쓸 수 있어 유용합니다.

11 **망 있는 밀폐 용기** | 구멍 뚫린 받침이 포함된 형태의 밀폐 용기는 과일, 채소 등을 보관할 때 물기가 아래쪽으로 빠져 재료를 보다 신선하게 오래 보관할 수 있어요.

12 **그레이터** | 하드 치즈를 갈 때 사용하는 도구예요. 과일 껍질로 제스트를 만들 때나 초콜릿 등을 갈아 장식할 때도 유용합니다. 여러 가지 그레이터를 사용해 봤는데 '마이크로 플레인' 제품을 특히 추천합니다.

PASTA
PLATE

02

들기름 묵은지 파스타

Perilla Oil Kimchi Pasta

♥onee pick

20분 * 1인분

재료
파스타 면 80g
씻은 묵은지 130g
베이컨 2줄
양파 1/4개(60g)
마늘 3쪽
올리브 오일 2큰술
설탕 1/2큰술
올리고당 1큰술
들기름 4큰술
페페론치노 2개

오니쿡 No.1 시그니처 메뉴는 단연 '묵파'! 고소한 들기름을 듬뿍 뿌린 묵은지 파스타입니다. 김장철마다 엄마가 보내주시는 김치가 매번 많이 남아서 어떻게 처리할까 고민하다가 개발한 레시피예요. 많은 분들이 따라 만든 후 인생 파스타라고 여겨 주어 저에게도 의미가 깊은 메뉴입니다. 외국인 친구들도 "하얀 김치 파스타 최고"라며 한 그릇 뚝딱 비운답니다.

RecMipe

1 양파는 채 썰고, 마늘은 편 썬다. 묵은지는 씻어 물기를 짜낸 후 먹기 좋은 크기로 썰고, 베이컨은 한 입 크기로 썬다.

2 끓는 물(소금 1/2큰술 추가)에 파스타 면을 넣고 포장지에 적힌 시간보다 1분 덜 삶는다. 이때, 면수 2국자를 따로 덜어 둔다.

3 달군 팬에 올리브 오일을 두르고 마늘을 넣어 약불에서 볶다가 향이 배어 나면 양파를 넣고 볶는다.

4 양파가 반쯤 투명해지면 베이컨을 넣고 뭉치지 않도록 젓가락으로 풀어가며 볶는다.

5 베이컨에서 기름이 충분히 나오면 묵은지를 넣고 설탕을 뿌린다.

6 묵은지의 아삭함이 살아있도록 살짝만 더 볶다가 덜어 둔 면수, 파스타 면을 넣고 30초~1분간 볶는다. 올리고당을 한 바퀴 둘러 단맛과 윤기를 더한다.

7 그릇에 담은 후 들기름을 넉넉히 뿌리고 취향에 따라 페페론치노를 부숴 넣는다.

· 엄마표 묵은지가 없다면 온라인 몰에서 '묵은지' 또는 '씻은 묵은지'
를 검색해 구입하세요. 배달 횟집 등에서 반찬으로 나오는 묵은지를
활용하는 것도 하나의 방법입니다.

· 파스타 면을 삶은 떡볶이 떡으로 대체하면 묵은지 떡볶이, 일명 '묵
떡'이 완성됩니다(67쪽 사진 참고).

간장 삼겹살 파스타

Soy Sauce Pork Belly Pasta

20분 * **1인분**

재료
파스타 면 80g
삼겹살 1줄(약 150g)
새송이버섯 1개
깻잎 5장
양파 1/2개(작은 것)
마늘 2쪽
페페론치노 2개
올리브 오일 4큰술

소스
간장 2큰술
레몬즙 2큰술
굴소스 1큰술
참기름 1큰술
설탕 1큰술
고춧가루 1/2큰술

그냥 굽기만 해도 맛있는 삼겹살을 듬뿍 넣어 요리 초보가 만들어도 맛없기 힘든 파스타예요. 간장 소스에 레몬즙을 추가해 다소 기름질 수 있는 고기 파스타의 느끼함을 잡아냈습니다. 깻잎 채를 가득 올리면 향긋함까지 더해져 더욱 맛있어요.

Recipe

1 깻잎은 채 썰고, 마늘은 편 썬다. 양파와 새송이버섯, 삼겹살은 한입 크기로 썬다.

2 볼에 소스 재료를 넣고 섞는다.

3 끓는 물(소금 1/2큰술 추가)에 파스타 면을 넣고 포장지에 적힌 시간보다 1분 덜 삶는다. 이때, 면수 2국자를 따로 덜어 둔다.

4 달군 팬에 올리브 오일을 두르고 마늘, 페페론치노를 넣어 약불에서 볶다가 향이 배어 나면 양파를 넣어 볶는다.

5 양파가 반쯤 투명해지면 버섯을 넣어 볶는다. * 버섯을 듬뿍 넣는 파스타는 오일을 넉넉히 사용해야 한다.

6 버섯이 익어 부드러워지면 고기를 넣는다. 고기를 넣고 나서부터는 센불에서 조리한다. * 고기 잡내가 걱정된다면 맛술 1큰술과 후추를 더해도 좋다.

7 고기가 90% 이상 익으면 덜어 둔 면수, 소스를 넣고 섞는다.

8 파스타 면을 넣고 소스가 잘 배도록 30초~1분간 더 볶는다.

9 그릇에 담은 후 채 썬 깻잎을 듬뿍 올린다. * 깻잎과 함께 먹으면 좀 더 풍부한 맛을 느낄 수 있다.

들기름
메밀소바

Perilla Oil Soba

10분 * **1인분**

재료
메밀면 100g
참깨 2큰술
김가루 적당량

소스
쯔유 1과 1/2큰술
들기름 2큰술+1큰술
참소스 1큰술

여름이 오면 꼭 먹어줘야 하는 시원한 들기름 메밀소바. 고소한 들기름과 참깨에 상큼한 소스를 더해 마지막 한입까지 맛있게 먹을 수 있습니다. 시원한 화이트 와인 또는 스파클링 와인의 안주로 잘 어울리는데요. 특히 낮술을 추천해요. 화창한 오후에 와인과 먹으면 세상 행복한 기분이 들 거예요.

Recipe

1   메밀면은 포장지에 적힌 시간만큼 삶은 후 찬물에 여러 번 헹궈낸 다음 물기를 최대한 제거한다. * 삶을 때 물이 갑자기 끓어올라 넘치기 쉬우니 주의하며 지켜본다.

2   볼에 물기를 제거한 메밀면, 쯔유, 들기름(2큰술)을 넣고 버무린다.

3   그릇에 ②를 담은 후 들기름(1큰술), 참소스를 쪼로록 붓는다.

4   참깨를 갈아 올린 후 김가루를 뿌린다. * 참깨는 먹기 직전에 갈고, 절구가 없다면 위생팩에 넣어 칼등으로 찧는다.

취향에 따라 강판에 간 무, 다진 쪽파, 씻은 묵은지, 낫토 등의 토핑을 곁들여도 좋아요.

오리지널
까르보나라

Original Carbonara

20분 * **1인분**

재료

파스타 면 80g
두툼한 베이컨 100g
달걀 2개(1개는 노른자만 사용)
파르미지아노 레지아노 치즈
30g
올리브 오일 1큰술
통후추 적당량

하얀색의 크림 파스타가 정통 까르보나라가 아니라는 사실을
이제 대부분 알 거예요. 본래 '까르보나라'는 페코리노 로마노
치즈와 관찰레라는 재료를 사용해요. 이는 치즈 향이 강해 호불
호가 갈리기도 하고, 재료를 구하기 조금 어려운 편이기에 간단
한 버전으로 오리지널 까르보나라를 만들어 봤어요. 의외로 만
드는 법이 크림 파스타보다도 쉽답니다.

Recipe

1 볼에 달걀 1개, 노른자 1개, 그레이터로 간 치즈를 넣고 골고루 섞는다.

2 베이컨은 한입 크기로 썬다.

3 끓는 물(소금 1/2큰술 추가)에 파스타 면을 넣고 포장지에 적힌 시간보다 1분 덜 삶는다. 이때, 면수 2국자를 따로 덜어 둔다.

4 달군 팬에 올리브 오일을 두르고 베이컨을 넣어 볶다가 노릇해지면 덜어 둔 면수를 넣는다.

5 바로 면을 넣고 1분간 끓이듯이 볶는다. 불을 끄고 약 5분간 파스타를 식힌다. ＊ 뜨거울 때 달걀을 넣으면 바로 응고돼 익어버리니 주의한다.

6 식힌 파스타에 달걀물을 붓고 점성이 생길 정도로 젓가락으로 마구 섞는다.   7 그릇에 담고 후추를 듬뿍 뿌린다.
* 파스타가 너무 뜨겁지는 않되 따뜻할 정도로 식혀야 치즈가 온기에 녹으면서
전체적으로 어우러진다.

- 페코리노 로마노 치즈와 파르미지아노 레지아노 치즈를 절반씩 섞
  어 사용하면 더욱 맛있어요.
- 베이컨 대신 '관찰레(guanciale)'를 사용하는 것도 추천해요. 관찰레
  란, 이탈리아의 전통 샤퀴테리로 돼지고기의 뱃살, 등살이 아닌 볼살
  이나 턱살 같은 머릿고기를 사용해 만든 것이 특징입니다.

간장 버터 새우 파스타

Soy Sauce Shrimp Pasta

20분 · 1인분

재료
파스타 면 80g
새우 10마리
꽈리고추 10개
마늘 4쪽
양파 1/4개
달걀 노른자 1개
버터 20g
올리브 오일 2큰술
통후추 약간

소스
간장 1큰술
굴소스 1큰술
올리고당 1과 1/2큰술
참기름 1큰술
레몬즙 1큰술

간장 베이스의 한식 파스타에는 어떤 재료를 넣어도 맛있지만 환상의 짝꿍인 새우와 버터를 활용해 만들면 더욱 깊은 풍미가 느껴집니다. 꽈리고추를 넣으면 느끼함도 싹 잡히고요. 파스타를 낯설어 하는 부모님에게 대접하기도 참 좋은 메뉴예요.

Recipe

1. 새우, 꽈리고추는 씻은 후 물기를 제거해 준비한다. 마늘은 편 썰고, 양파는 채 썬다.

2. 볼에 소스 재료를 넣고 섞는다.

3. 끓는 물(소금 1/2큰술 추가)에 파스타 면을 넣고 포장지에 적힌 시간보다 1분 덜 삶는다. 이때, 면수 2국자를 따로 덜어 둔다.

4. 달군 팬에 올리브 오일을 두르고 마늘을 넣어 약불에서 볶다가 향이 배어 나면 양파를 넣어 볶는다.

5. 양파가 반쯤 투명해지면 꽈리고추를 통째로 넣은 후 버터를 더해 녹인다.

6. 버터가 녹으면 새우를 넣고 센불에서 화르르 볶는다.

7 덜어 둔 면수, 소스를 넣고 섞는다.

8 파스타 면을 넣고 소스가 잘 배도록 1분간 더 볶는다.

9 그릇에 담은 후 후추를 뿌리고 가운데 노른자를 올린다. * 톡 터뜨려 섞어가며 먹으면 더욱 녹진하고 고소한 맛을 느낄 수 있다.

onee tip 새우를 오징어로 대체해도 좋아요.

고추장 참치
파스타

Spicy Tuna Pasta

15분 · 1인분

재료

파스타 면 80g

통조림 참치 1캔(150g)

양파 1/4개

마늘 3쪽

레몬 1조각

올리브 오일 2큰술

통후추 적당량

소스

케첩 1과 1/2큰술

고추장 1큰술

올리고당 1큰술

파스타가 당장 먹고 싶을 때 편의점에서 사 온 재료만으로도 간단하게 만들 수 있는 한식 파스타입니다. 레시피에서 소개하는 고추장 참치는 시판 고추 참치보다 좀 더 매콤하고 꾸덕한 매력이 있어요. 완성 후에는 레몬 한 조각을 꼭 곁들이세요. 레몬즙을 뿌리면 의외의 고급스러운 맛이 느껴진답니다.

Recipe

1 양파는 채 썰고, 마늘은 편 썬다.

2 끓는 물(소금 1/2큰술 추가)에 파스타 면을 넣고 포장지에 적힌 시간보다 1분 덜 삶는다. 이때, 면수 2국자를 따로 덜어 둔다.

3 달군 팬에 올리브 오일을 두르고 마늘을 넣어 약불에서 볶다가 향이 배어 나면 양파를 넣어 볶는다.

4 양파가 반쯤 투명해지면 통조림의 기름을 따라낸 후 참치를 넣고 섞어가며 볶는다.

5 덜어 둔 면수, 소스 재료를 넣고 골고루 섞는다.

6 삶은 파스타 면을 넣고 소스가 잘
배도록 30초~1분간 더 볶는다.

7 그릇에 담은 후 후추를 뿌린다.

8 레몬을 곁들인다. 레몬은 먹기 전
에 뿌려 먹는다. * 취향에 따라 페
페론치노를 잘게 부숴 더해도 좋다.

onee tip 면에 양념이 좀 더 듬뿍 배어들기를 원한다면 둥근 면인 스파게티보다
납작하고 넓은 면인 링귀네를 추천해요.

된장 달래 파스타

Spring Soybean Paste Pasta

20분 ∗ 1인분

재료
파스타 면 80g
베이컨 4줄
달래 30g
표고버섯 4개
마늘 5쪽
올리브 오일 2큰술
버터 1큰술(15g)
통후추 적당량

소스
된장 1큰술
맛술 1큰술
올리고당 1큰술

쌉싸름한 매력의 달래와 구수한 된장 소스가 어우러져 색다른 감칠맛을 내는 파스타입니다. 두 가지가 함께 내는 풍미도 매력적이지만 묵직하게 존재감을 뽐내는 재료 각각의 깊은 향도 느껴보세요. 달래가 제철인 봄에 꼭 한 번 즐겨보길 추천합니다.

Recipe

1 베이컨은 한입 크기로 썰고, 표고
   버섯과 마늘은 두툼하게 편 썬다.

2 달래는 손질 후 3등분한다.

3 볼에 소스 재료를 넣고 섞는다.

4 끓는 물(소금 1/2큰술 추가)에 파
   스타 면을 넣고 포장지에 적힌 시
   간보다 1분 덜 삶는다. 이때, 면수
   2국자를 따로 덜어 둔다.

5 달군 팬에 올리브 오일을 두르고
   마늘을 넣어 약불에서 볶다가 향
   이 배어 나면 표고버섯도 넣어 볶
   는다.

6 버섯이 익어 부드러워지면 베이컨
   을 넣어 볶은 후 덜어 둔 면수, 소
   스를 넣고 섞는다.

7 파스타 면과 달래를 넣고 소스가 잘 배도록 볶는다.

8 불을 끄고 버터를 넣고 녹여가며 섞는다.

9 그릇에 담은 후 후추를 뿌린다.
  * 취향에 따라 페페론치노를 잘게 부숴 더해도 좋다.

onee tip 묵직한 된장 달래 파스타와 산뜻한 화이트 와인을 페어링해 보세요.
된장 베이스의 음식과 화이트 와인의 조합은 언제나 실패가 없답니다.

쏘야 파스타

Napolitan Pasta

15분 * 1인분

재료

파스타 면 80g
비엔나 소시지 12개
피망 1/2개
양파 1/4개
마늘 4쪽
올리브 오일 2큰술
참깨 약간

소스

고추장 1큰술
물엿 1과 1/2큰술
케첩 2큰술

'쏘야'라고 불리는 소시지 야채볶음을 좋아해서 반찬으로, 안주로 종종 먹곤 하는데요. 그 레시피를 응용해 나폴리탄 스타일의 파스타를 만들어 봤어요. 쉽게 구할 수 있는 재료들을 활용해 자취하는 분들이 특히 자주 찾을 만한 메뉴랍니다.

Recipe

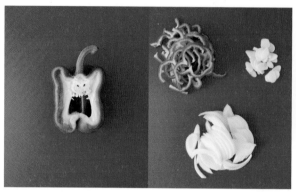 

1 피망과 양파는 채 썰고, 마늘은 편 썬다.

2 비엔나 소시지는 원하는 모양으로 칼집을 낸다.

3 끓는 물(소금 1/2큰술 추가)에 파스타 면을 넣고 포장지에 적힌 시간보다 1분 덜 삶는다. 이때, 면수 2국자를 따로 덜어 둔다.

4 달군 팬에 올리브 오일을 두르고 마늘을 넣어 약불에서 볶다가 향이 배어 나면 양파도 넣어 볶는다.

5 양파가 반쯤 투명해지면 피망, 소시지를 넣어 볶는다.

6 소시지가 익어 칼집 사이가 벌어
지면 덜어 둔 면수, 소스 재료를 넣
고 섞는다.

7 파스타 면을 넣고 소스가 잘 배도
록 1분간 더 볶는다.

8 그릇에 담은 후 참깨를 뿌린다.

쏘아 파스타는 조금 특이하게 마지막에 후추가 아닌 참깨를 솔솔 뿌려
먹는 것이 더 잘 어울린답니다.

닭가슴살
주키니 파스타

Chicken Zucchini Noodle Pasta

15분 * 1인분

재료
주키니 1/3개(애호박 1/2개)
닭가슴살 1팩(100g)
그라나파다노 치즈 2큰술
올리브 오일 2큰술
소금 2꼬집
통후추 적당량

다이어트 할 때 가장 참기 힘든 메뉴 중 하나가 맛있는 파스타인 것 같아요. 보통 그럴 땐 통밀면, 두부면을 활용해 가벼운 파스타를 만들곤 하지만, 조금 특별하게 주키니로 채소면을 만들면 면과 주재료의 역할을 동시에 해줘 더욱 풍부한 맛이 나요. 여기에 닭가슴살까지 더하면 그야말로 완벽한 다이어트 식단이 완성됩니다.

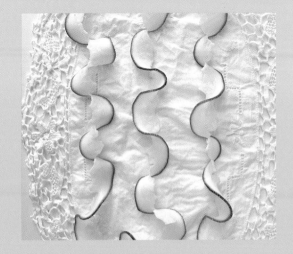

Recipe

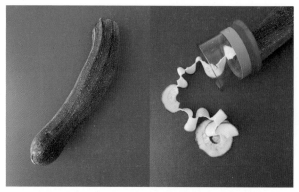

1 주키니는 스파이럴라이저를 이용해 면 형태로 길게 슬라이스한다. ＊도구가 없다면 가늘고 길게 채 썰어 사용해도 무방하다. 주키니 가운데 씨 부분은 사용하지 않는다.

2 닭가슴살은 손으로 가늘게 찢는다.

3 달군 팬에 올리브 오일을 두른 후 주키니, 닭가슴살을 넣고 2분간 볶는다. 소금, 후추로 간을 맞춘다. ＊호박이 너무 무르지 않도록 2분 이상 익히지 않는다.

4 내열 그릇에 담은 후 치즈를 갈아 뿌리고 토치로 겉면을 노릇하게 굽는다.

 토치로 굽기 전 송송 썬 꽈리고추를 더하면 매콤한 풍미와 독특한 식감을 더할 수 있어요.

버섯 파스타

Mushroom Pasta

20분 * **1인분**

재료

파스타 면 80g

만가닥버섯 70g

새송이버섯 1개

마늘 3쪽

대파 15g

페페론치노 2~3개

올리브 오일 3큰술

버터 15g

달걀 노른자 1개

소스

간장 2큰술

레몬즙 2큰술

굴소스 1큰술

참기름 1큰술

설탕 1큰술

고춧가루 1/2큰술

간장 삼겹살 파스타(70쪽)의 버섯 버전! 같은 소스를 사용하되 버터를 넣어 고소하고 부드러운 맛을 극대화했습니다. 고기를 선호하지 않는다면 이 레시피를 활용해 보세요. 입안 가득 넣을 때마다 탱글한 버섯의 식감이 즐거움을 준답니다.

Recept

1 만가닥버섯은 송이를 분리하고, 새송이버섯은 불규칙하게 어슷 썬다. 마늘은 편 썰고, 대파는 송송 썬다.

2 볼에 소스 재료를 넣고 섞는다.

3 끓는 물(소금 1/2큰술 추가)에 파스타 면을 넣고 포장지에 적힌 시간보다 1분 덜 삶는다. 이때, 면수 2국자를 따로 덜어 둔다.

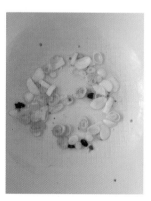

4 달군 팬에 올리브 오일을 두르고 마늘, 대파, 페페론치노를 넣어 약불에서 볶는다.

5 마늘의 향이 배어 나면 버섯을 넣고 중불~센불 사이에서 조리한다. 버섯의 겉면이 익으면 버터를 넣은 후 코팅하듯 볶는다.

6 덜어 둔 면수, 소스, 파스타 면을 넣고 소스가 잘 배도록 30초~1분간 더 볶는다.

7 그릇에 담은 후 달걀 노른자를 올려 비벼 먹는다.

 생 이탈리안 파슬리를 다져서 듬뿍 뿌려보세요. 비주얼과 맛이 한층 더 고급스러워집니다.

짬뽕
파스타

Shanghai Pasta

♥onee pick

20분 * 1인분

재료

파스타 면 80g

오징어 70g

새우 70g

청경채 1개

깻잎 7장

마늘 4쪽

양파 1/4개

버섯 50g

청양고추 1/2개

올리브 오일 3큰술

통후추 약간

소스

굴소스 2큰술

고추기름 2큰술

고춧가루 1과 1/2큰술

다진 마늘 1큰술

올리고당 1큰술

케첩 1큰술

설탕 1/2큰술

오니쿡의 첫 파스타 레시피이자 여전히 너무나 애정하는 메뉴입니다. 과음한 다음 날 속풀이용으로도 훌륭해서 '해장 파스타'라고도 불려요. 면수의 양을 레시피보다 좀 더 늘려 만든 후 자작한 국물에 밥을 말아 먹어도 별미예요.

Recipe

1 청경채는 밑동을 제거하고 잎을 1장씩 떼어낸다. 깻잎은 채 썬다.

2 마늘은 편 썰고, 양파와 버섯은 먹기 좋게 썬다. 오징어는 굵게 다지고 새우를 씻어 준비한다.

3 볼에 소스 재료를 넣고 섞는다.

4 끓는 물(소금 1/2큰술 추가)에 파스타 면을 넣고 포장지에 적힌 시간보다 1분 덜 삶는다. 이때, 면수 3국자를 따로 덜어 둔다.

5 달군 팬에 올리브 오일을 두르고 마늘을 넣어 약불에서 볶다가 향이 배어 나면 청양고추를 넣어 볶는다.
＊ 취향에 따라 청양고추의 양을 가감한다.

6 양파를 넣어 볶다가 양파가 반쯤
투명해지면 버섯을 넣는다.

7 오징어, 새우를 넣고 센불에서 볶
다가 덜어 둔 면수, 소스를 넣어 잘
섞는다. * 해물을 넣기 전에 센불로
올려 화르르 볶아야 잡내가 나지 않
는다. 맛술 등을 더해도 좋다.

8 파스타 면, 청경채를 넣고 소스가
잘 배도록 1분간 더 볶는다.

9 그릇에 담고 후추를 뿌린 후 채 썬
깻잎을 듬뿍 올린다.

 오징어, 새우 외에도 바지락, 홍합 등 좋아하는 해물을 넣어 국물 맛을
더 시원하게 내도 좋아요.

새우 비스크
파스타

Shrimp Bisque Pasta

35분 * 1인분

재료

파스타 면 80g

마늘 3쪽

파프리카 1/2개

올리브 오일 3큰술

이탈리안 파슬리 1줄기(생략 가능)

비스크

껍질 있는 새우 8마리
(크기에 따라 5~8마리 사용)

양파 1/2개

토마토 페이스트 2큰술

화이트 와인 50ml

올리브 오일 4큰술

물 400ml

액상 치킨스톡 1큰술

'비스크(bisque)'란 새우나 게 등을 삶아서 만든 수프를 말합니
다. 새우 머리와 껍질을 버리지 않고 사용해 깊은 맛의 비스크를
만들고, 파스타 면을 끓이듯 볶아내 진한 해물 스튜 느낌으로 파
스타를 완성했어요. 새우 내장 맛이 깊게 풍기므로 레드 와인보
다는 산뜻하고 시원한 화이트 와인과의 조합을 추천합니다.

Recipe

비스크 만들기

1 새우는 머리, 껍질, 살을 분리한다. 양파는 한입 크기로 썬다.

2 달군 팬에 올리브 오일을 두르고 새우 머리, 껍질을 넣고 볶는다. 붉게 익으면 화이트 와인을 더해 비린 맛을 날린다.

3 새우 머리는 감칠맛이 최대한 배어 나오도록 주걱으로 뭉개가며 볶는다.

4 새우 껍질이 짙은 붉은색을 띠면 양파를 추가해 볶다가 토마토 페이스트를 넣는다.

5 물, 액상 치킨스톡을 넣고 국물의 양이 반으로 줄어들 때까지 푹 끓인다.

6 완성된 비스크는 체에 걸러 맑은 육수만 사용한다.

파스타 만들기

1 마늘은 편 썰고, 파프리카는 채 썬다.
 * 파프리카 외에 단맛이 도는 양파
 또는 애호박을 더해도 잘 어울린다.

2 끓는 물(소금 1/2큰술 추가)에 파
 스타 면을 넣고 포장지에 적힌 시
 간보다 1분 덜 삶는다.

3 달군 팬에 올리브 오일을 두르고
 마늘을 넣어 약불에서 볶다가 향이
 배어 나면 새우살을 넣고 볶는다.

4 새우가 붉게 익으면 파프리카를
 넣고 볶는다.

5 미리 만들어 둔 비스크, 파스타 면
 을 넣고 국물이 졸아들 때까지 약
 1분간 더 볶는다.

6 그릇에 파스타를 담은 후 다진 파
 슬리를 뿌리거나 파슬리 잎으로
 장식한다.

좋아하는 라이프스타일 브랜드

요리를 좋아한다면 취향에 맞는 그릇과 소품을 모으는 재미도 크죠.
제가 유독 자주 찾는 라이프스타일 브랜드를 선별해 소개합니다.

챕터원

www.chapterone.kr * @chapter1_official

유독 손이 자주 가는 접시들을 어디에서 샀나 생각하니
대부분 챕터원에서 구매한 것들이네요. 심플하면서도
모양새와 질감이 다양한 제품들이 많아 자주 찾게 되는
곳입니다. 커트러리나 컵 등도 다양하게 구비되어 있어
요. 챕터원을 구경하다 보면 2개를 구입해 하나는 내가
갖고, 하나는 선물하고 싶을 때가 많답니다. 오프라인
매장에 직접 들러 구경하는 재미도 쏠쏠해요.

Cava Life

www.ca-va.life * @cava.life

가끔은 조금 특이한 느낌의 접시가 필요할 때가 있죠?
여러 작가들의 작품을 판매하는 카바 라이프에서는 난
생처음 보는 형태의 접시를 만날 수 있답니다. 신기한
오브제도 많이 소개하고 있어 특별한 선물을 구입할 때
자주 애용하는 곳이에요.

이악크래프트

www.iaaccrafts.com * @iaac_crafts

독특하고 눈에 띄는 디자인의 그릇도 좋지만 아무래도 자
주 찾게 되는 건 차분하고 무게감이 느껴지는 제품인 것
같아요. 이악크래프트의 도자기 그릇은 얌전한 듯하면서
도 고급스러움이 느껴져 매일매일 사용하기 좋습니다. 두
께나 질감도 만졌을 때 딱 기분 좋은 느낌이 들어요.

미라벨

www.mirabelle.shop * @mirabelle.seoul

서촌에 위치한 미라벨 오프라인 매장은 비교적 생소한
해외 브랜드의 제품이 모여 있는 곳이에요. 방문할 때마
다 시간 가는 줄 모르고 구경하게 됩니다. 기본 아이
템 외에도 다양한 형태의 글라스 제품, 트레이 등 식탁
을 멋지게 채워주는 아이템들을 한 번에 쇼핑할 수 있
어서 좋아요. 특히 이곳에서 구매한 브랜드 'hay'의 컬러
젓가락은 제 식탁에 매일 오른답니다.

더 콘란샵

www.conranshop.kr * @theconranshop.korea

가구, 조명, 각종 생활용품 등을 판매하는 편집샵이에요.
이곳에서는 특히 키친클로스 카테고리를 추천합니다.
너무 화려하지 않으면서도 식탁 분위기를 화사하게 바
꿔주는 사랑스러운 키친클로스 제품들이 가득해요. 귀
여운 일러스트나 패턴이 그려진 접시를 둘러보는 재미
도 있습니다. 온라인 몰에서 쉽게 둘러볼 수 있으며 오
프라인 매장도 있으니 참고하세요.

무재세라믹

www.musae.kr * @musaeceramic

무재세라믹의 그릇은 차분한 디자인이 특징이에요. 앞
서 소개한 이악크래프트 제품에 비해서는 조금 더 투박
하고 거친 매력이 있답니다. 특히 흰색 오벌 플레이트의
매트한 질감이 좋아서 자주 사용하고 있어요.

쿠진

Cava Life

이악크래프트

메이크어포터리

무재세리믹

챕터원

• 그 의 미라벨

더 콘란샵

쿠진

www.cusine.co.kr * **@cusine1**

쿠진의 자체 제작 상품인 실리콘 시리즈를 추천합니다.
실리콘 주걱, 큐브 팩을 특히 유용하게 쓰고 있어요. 이
외에도 온라인 몰에 신기한 조리 도구들이 많아 하나씩
구비하다 보면 '장비빨'을 한껏 내세울 수 있게 된답니다.

메이크어포터리

www.makeapottery.com * **@make.a.pottery_official**

예쁜 색감의 접시들을 합리적인 가격대로 구매할 수 있
는 곳이에요. 각 제품마다 크기가 세 가지로 구성되어
있는 편이라 용도에 따라 고르기 편하답니다. 예쁜 머그
컵도 많아 매번 장바구니를 가득 채우게 돼요.

잇데코

www.itdeco.co.kr * **@itdeco_office**

잇데코는 생활에 편리함을 주는 아이디어 제품들을 주
로 소개하는 브랜드예요. 인테리어를 해치지 않으면서
도 자투리 공간을 활용할 수 있게 도와줘요. 주방뿐만
아니라 우리 집 구석구석의 공간 활용도를 높여줄 다양
한 제품들을 만나볼 수 있어요.

잇데코_행주걸이

MEAT & SEAFOOD PLATE

30

명란 마요
닭꼬치

Mentai Mayo Chicken

25분 * **1인분(6꼬치)**

재료
닭다리살 200g
청양고추 1개(생략 가능)
식용유 1큰술

밑간
맛술 1큰술
생강가루 1작은술
순후추 약간

소스
명란젓 4큰술
마요네즈 4큰술

* 나무 꼬치 6개

집에서도 일식 꼬치집을 방문한 듯한 기분과 맛을 충분히 느낄 수 있습니다. 부드러운 식감의 닭다리살 꼬치에 명란 마요 소스를 올린 후 토치로 구워내기만 하면 엄청난 고소함을 맛볼 수 있어요. 남은 명란 마요 소스는 주먹밥 재료로도 활용해 보세요.

Recipe

1 닭다리살은 씻은 후 물기를 제거 하고 한입 크기로 썬다.

2 볼에 닭다리살, 밑간 재료를 넣고 버무려 15분간 재워 둔다.

3 명란젓과 마요네즈를 1:1 비율로 섞어 소스를 만든다. ＊튜브 타입의 명란젓을 사용하면 편리하다. 양념 이 된 명란젓이라면 물에 가볍게 헹 군 후 껍질을 제거하고 사용한다.

4 재워 둔 닭다리살을 꼬치에 꽂는다. ＊너무 촘촘히 꽂으면 속까지 잘 익지 않 으므로 평평하게 눌러가며 꽂는다. 꼬치에 꽂는 과정이 번거롭다면 해당 과정 을 생략해도 맛에는 차이가 없다.

5 달군 팬에 식용유를 살짝 두르고 닭꼬치를 올려 중불에서 겉을 노 릇하게 구운 후 점차 약불로 줄여 속까지 골고루 익힌다.

6 내열 그릇에 구운 닭꼬치를 담고 명
  란 마요 소스를 넉넉하게 올린다.

7 토치로 겉면을 굽는다. 취향에 따
  라 청양고추를 송송 썰어 토핑으
  로 올린다. ＊청양고추를 곁들이면
  마지막까지 느끼하지 않게 먹을 수
  있다.

onee tip 생 양배추에 시판 야키토리 소스를 뿌려 곁들이면 실제 꼬치집에서 먹
는 맛과 기분을 느낄 수 있습니다.

흑초
등갈비

Black Vinegar Back Ribs

1시간 * **2인분** * **오븐 사용**

재료

등갈비 500g

대파 1/2대

통후추 적당량

소스

흑초 100ml

물 100ml

간장 2큰술

돈가스 소스 2와 1/2큰술

다진 마늘 1/2큰술

케첩 1큰술

올리고당 4큰술

설탕 1큰술

핫소스 1큰술

우리 집을 단숨에 중식 레스토랑으로 만들어주는 메뉴! 흑초 베이스의 소스라고 하면 낯설게 느껴질 수 있지만 의외로 누구든 반할 만한 맛이 납니다. 흑초 등갈비를 맛보고 엄지를 치켜세운 지인들이 한둘이 아니에요. 만드는 데 시간이 오래 걸리는 편이지만 마무리 과정은 간단해 손님상에 내기 좋아요. 미리 팬 조리까지 해 두었다가 먹기 직전에 오븐에 굽기만 하면 돼요.

Recipe

1 냄비에 등갈비, 대파, 통후추와 재료가 잠길만큼의 물을 넣고 30분간 삶는다. * 소스의 풍미가 강한 편이라 잡내가 잘 느껴지지 않으므로 대파, 통후추는 생략해도 된다.

2 볼에 소스 재료를 넣고 섞는다.

3 깊은 팬에 소스를 넣어 한소끔 끓인다.

4 소스의 양이 살짝 줄어들면 삶은 등갈비를 건져 넣고 졸인다. 소스가 고기에 걸쭉하게 묻어나면 불을 끈다. * 오븐이 없다면 이 단계에서 완전히 익혀 마무리해도 좋다.

5 고기가 속까지 부드럽게 익도록 180℃로 예열한 오븐에서 15분간 더 굽는다.

6 그릇에 담는다. 이때, 남은 소스도 모두 함께 올린다.

뚝배기
불고기

Hot Pot Bulgogi

20분(+당면 불리기 20분)
* **1~2인분**

재료
소고기 불고기용 200g
당면 20g
표고버섯 4개
팽이버섯 1/2봉
양파 1/2개
파채 50g
시판 소불고기 양념 3큰술
순후추 약간

육수
쯔유 2큰술
설탕 1/2큰술
뜨거운 물 500ml

날이 쌀쌀해지면 한 번씩 생각나는 달달한 맛의 뚝배기 불고기.
일명 '뚝불'! 흰쌀밥에 재료와 국물을 끼얹어 촉촉하게 적셔 먹
는 이 맛을 싫어하는 분은 아마 없을 거라 감히 장담합니다. 뚝
불에는 쫄깃한 버섯과 탱글탱글한 당면을 가득 넣어야 제맛이
에요.

Recipe

1 당면은 뜨거운 물에 20분간 미리 불려 둔다.

2 볼에 핏물 뺀 소고기, 시판 소불고기 양념, 후추를 넣고 버무린다. * 양념까지 되어 있는 불고기를 구입해 사용해도 된다.

3 깊은 냄비에 불고기, 불린 당면, 버섯, 양파, 파채를 넣는다. 표고버섯과 양파는 얇게 썰고, 팽이버섯은 찢어서 사용한다. 육수 재료를 따로 섞은 후 냄비에 붓고 끓이기 시작한다.

4 고기가 뭉치지 않도록 젓가락으로 풀어가며 끓인다. 중간중간 떠오르는 거품을 걷어내며 양파가 투명해지고 고기가 익으면 불을 끈다. * 간이 부족하다면 시판 소불고기 양념을 더하며 맛을 본다.

파채 대신 대파를 어슷하게 채 썰어 사용해도 되지만 당면과 함께 국수처럼 먹는 식감을 살리기 위해 파채 사용을 추천해요. 파채를 사용하면 파의 풍미를 더욱 풍부하게 느낄 수 있어요.

간장 소스
목살꼬치

Soy Sauce Grilled Pork

30분 * **2인분(10꼬치)**

재료
돼지고기 목살 300g
대파 1대
식용유 1큰술

밑간
맛술 1큰술
생강가루 1/2작은술

소스
간장 2큰술
맛술 2큰술
올리고당 2큰술
생강가루 1작은술

* 나무 꼬치 10개

손님 대접 요리로 강력 추천하고 싶은 꼬치구이! 감칠맛 가득한 간장 소스에 졸인 달큰한 대파와 쫀득한 목살을 하나씩 빼먹다 보면 어느새 식탁 위에 빈 꼬치가 가득해질 거예요. 간단한 조합으로 만드는 간장 소스는 닭고기, 돼지고기와 잘 어울려 다양한 요리에 응용할 수 있답니다.

Recipe

1 목살은 한입 크기로 썬 후 볼에 담아 밑간 재료와 버무린다.

2 대파는 4cm 길이로 썰고 흰 부분은 반으로 가른다.

3 꼬치에 목살과 대파를 번갈아가며 꽂는다. * 너무 촘촘히 꽂으면 속까지 잘 익지 않으므로 평평하게 눌러가며 꽂는다.

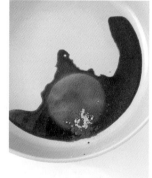

4 달군 팬에 식용유를 두른 후 꼬치를 올린다. 고기가 90% 이상 익을 때까지 초벌한 후 잠시 꺼내 둔다.

5 팬의 기름을 키친타월로 닦아낸 후 소스 재료를 모두 넣고 끓인다.

6 소스가 끓으면서 살짝 걸쭉해지면 초벌해 둔 꼬치를 넣고 양념을 졸여가며 골고루 굽는다. * 꼬치에 소스가 묻었다면 키친타월이나 포일 등으로 감싸서 낸다.

고추잡채 & 꽃빵

Pepper Steak & Chinese Flower bun

20분 * 1~2인분

재료
꽃빵 6개
돼지고기 잡채용 200g
양파 1/2개
피망 1과 1/2개
표고버섯 4개
식용유 3큰술
다진 마늘 1/2큰술
순후추 약간

소스
굴소스 2와 1/2큰술
올리고당 2와 1/2큰술
고추기름 2와 1/2큰술

이름만 들으면 엄청 매울 것 같지만 아이들도 먹을 수 있는 맛의 고추잡채! 아삭한 채소, 쫄깃한 버섯, 부드러운 고기가 이루는 식감 조합이 매력적이에요. 단 3가지 재료로 만드는 소스지만 감칠맛이 훌륭합니다. 집에서도 이렇게 근사한 중식 요리를 만들어 낼 수 있다는 게 신기할 정도로 맛있어요.

Recipe

1 양파, 피망, 표고버섯은 비슷한 두께로 채 썬다.

2 달군 팬에 식용유를 두르고 다진 마늘을 넣어 약불에서 볶아 향을 낸다. 센불로 올려 양파, 피망을 넣고 볶는다.

3 양파가 반투명해질 때쯤 표고버섯을 넣고 볶는다.

4 돼지고기, 후추를 넣고 섞는다.

5 고기가 익으면 소스 재료를 모두 넣고 소스가 잘 배도록 볶는다.

6 시판 꽃빵은 포장에 적힌 방법에 따라 전자레인지에 데우거나 찜기에 쪄서 준비한다.

7 그릇에 고추잡채, 꽃빵을 함께 담는다. 꽃빵을 결대로 넓게 뜯어 고추잡채를 올려 먹는다.

 onee tip
- 꽃빵에 검은깨를 꽃 모양으로 올려 장식하면 보는 즐거움을 더할 수 있어요.
- 부들부들하게 쪄낸 꽃빵에 올려 먹어도 좋지만 흰쌀밥에 올려 덮밥으로 먹어도 일품입니다.

파피요트

Papillote

40분 * **1~2인분** * **오븐 사용**

재료

냉동 생선살 120g

새우 3~4마리(생략 가능)

채소 350~400g(또는 각종 버섯)

레몬 1/2개

소금 1/2큰술

버터 10g

허브 잎(딜, 타임 등)

통후추 적당량

화이트 와인 20ml

올리브 오일 2큰술

'사탕을 감싸는 포장지'를 뜻하는 '파피요트(papillote)'. 종이 포일에 좋아하는 재료들을 넣고 이름처럼 예쁜 사탕 모양으로 감싸 굽는 것이 특징이에요. 자극적이지 않으면서도 재료 본연의 풍미를 가득 느낄 수 있어 자꾸만 손이 간답니다. 손님 대접을 위한 근사한 요리 느낌이 강하지만 냉털용으로도 너무나 완벽한 메뉴예요. 건강한 식사로도, 와인 안주로도 추천해요.

Recipe

1 냉동 생선살은 하루 전 냉장실에 옮겨 두거나 당일 실온에서 해동한 후 물기를 제거해 준비한다.

2 감자는 얇게 슬라이스한다. 나머지 채소와 버섯도 슬라이스하거나 한입 크기로 썬다.

3 종이 포일을 2겹으로 펼치고 양파를 깐다. 그 위에 생선살을 올린다.

4 감자 슬라이스로 생선살을 덮는다.

5 그 위에 나머지 채소와 새우를 올린다. 과정 ③~⑤에서 재료를 1겹씩 올릴 때마다 레몬즙, 소금을 전체적으로 골고루 뿌린다.

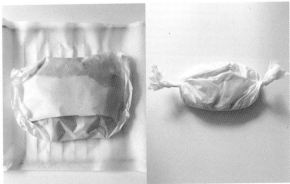

6 가운데 버터 1조각, 허브 잎을 올린 후 잡내를 없애기 위해 후추, 화이트 와인을 뿌린다.

7 즙을 짜낸 레몬 조각도 함께 넣고 빈틈이 없도록 종이 포일을 사탕 모양으로 감싸 양끝을 여민다.

8 180℃로 예열한 오븐에서 30분간 구운 후 꺼내 올리브 오일을 전체적으로 두른다. 아래쪽에 고인 육수에 재료를 적셔가며 촉촉하게 즐긴다. ✳ 오븐 성능에 따라 굽는 시간이 달라질 수 있으니 생선이 속까지 잘 익었는지 확인한다.

Recipe

 등푸른 생선만 제외하고 대구, 가자미, 연어 등 선호하는 생선을 자유롭게 활용해도 좋아요. 생선 대신 조개, 새우, 오징어 등을 활용해 만들어도 맛있답니다. 같은 방법으로 닭가슴살을 한 팩 넣고 버터를 제외해 만들면 훌륭한 다이어트 요리가 돼요.

조개 새우 ver

닭가슴살 ver

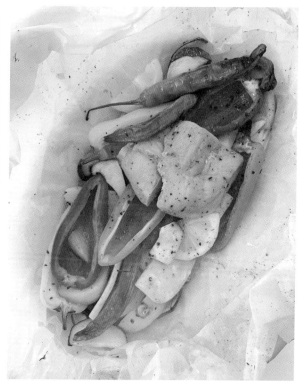

꿀대구

Roasted Cod With Honey

30분 * 1인분 * 오븐 사용

재료

대구살 100g
소금, 후추 약간
전분가루 2큰술
올리브 오일 적당량
알리올리 소스 3큰술
피자치즈 40g
꿀 2큰술

토마토 소스

통조림 홀토마토 150g
양파 1/4개
마늘 1쪽
설탕 1/2작은술
소금 1/2작은술
파프리카 가루 약간(생략 가능)

스페인 여행을 다녀온 친구들이 손꼽아 추천하는 요리 꿀대구. 저는 아직 스페인에 못 가봤지만 친구들이 표현해 준 맛을 상상하며 만들어 본 레시피랍니다. 생선 요리에 서툰 초보도 부담 없이 만들 수 있도록 개발했어요. 부드러운 대구살, 새콤한 토마토 소스, 달콤한 꿀의 어우러짐을 음미해 보세요. 화이트 와인까지 한 잔 곁들인다면, 그날은 우리 집이 바르셀로나!

Recipe

1 양파는 작게 썰고 마늘은 다진다. 달군 팬에 홀토마토, 양파, 마늘을 넣고 토마토를 으깨가며 약불에서 익힌다.

2 설탕, 소금, 파프리카 가루를 넣고 양파가 완전히 익어 투명해질 때까지 졸인다. 수분이 부족하면 물을 약간 더해가며 졸이고 질감이 꾸덕해지면 불을 끈다.

3 대구살은 물기를 제거하고 소금, 후추를 뿌린 후 사방에 전분가루를 입힌다. ＊겉면에 밀가루, 전분가루 등을 입히면 기름이 덜 튀고, 겉면을 바삭하게 익힐 수 있다.

4 달군 팬에 올리브 오일을 두르고 대구살을 넣어 뒤집어가며 골고루 굽는다. 오븐에도 구우므로 80% 정도만 익혀도 된다.

5 종이 포일을 깐 오븐팬에 구운 대구를 올리고 알리올리 소스를 듬뿍 바른다.

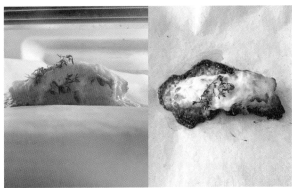

6 그 위에 피자치즈를 충분히 올린다. * 로즈마리, 타임 등 허브 잎을 올려도 좋다.

7 170℃로 예열한 오븐에서 10분간 굽는다.

8 그릇에 꿀을 펴 바르고 ②의 토마토 소스를 넉넉히 올린다.

9 구운 대구를 얹은 후 후추를 뿌린다.

스키야키

Sukiyaki

20분 * **1~2인분**

재료

소고기 샤브샤브용 150g

알배추 1/4통

냉동 유부 20g

표고버섯 2개

대파 1/2대

두부 100g

우엉 70g

쑥갓 10g

순후추 약간

달걀 2개(소스용)

육수

스키야키 소스 40ml

설탕 1작은술

물 250ml

집을 찾는 단골 친구들이 자주 요청하는 메뉴 스키야키! 식탁에 다 같이 둘러앉아 보글보글 끓여가며 먹는 재미가 있어요. 고소한 날달걀에 재료를 콕 찍어 맛보면 몸도 마음도 나른하게 풀어진답니다. 고기가 주인공일 것 같지만 진한 국물을 듬뿍 머금은 우엉, 유부 맛을 보면 깜짝 놀라실 거예요.

Recipe

1 알배추는 밑동을 제거한 후 한입 크기로 썰고, 유부는 뜨거운 물에 헹궈 기름기를 제거하고 물기를 짜내 준비한다.

2 표고버섯, 대파, 두부는 먹기 좋은 크기로 썬 후 마른 팬에 노릇하게 구워 준비한다.

3 우엉은 필러로 껍질을 제거한 후 길게 슬라이스한다.

4 깊은 팬에 과정 ①~③의 재료, 고기를 담고 고기 위에 후추를 살짝 뿌린다. * 온기가 오래 유지되는 무쇠솥을 사용하면 좋다.

5 고기가 반쯤 익어 붉은기가 사라지면 스키야키 소스를 휘휘 두르고 설탕을 뿌린다.

6 물을 부어 보글보글 한소끔 끓인다. * 중간에 간을 봐서 싱거우면 스키야키 소스를 조금 더 넣는다.

7 쑥갓을 올려 마무리한다.

8 작은 볼에 날달걀을 담는다. 완성된 스키야키를 찍어 먹는다.
＊좀 더 진한 맛을 원한다면 노른자만 사용한다.

시중에서 판매하는 스키야키 소스 중 '모란봉' 제품을 추천해요. 스키야키를 총 3번 정도 만들 수 있는 양입니다. '오타후쿠' 제품도 선호하는 편이에요.

오꼬노미야키 Okonomiyaki

20분 * 2개분

재료

오꼬노미야키 가루 60g
(또는 부침가루)
물 100ml
양배추 150g
베이컨 2줄
오징어 70g
마 90g(생략 가능)
달걀 2개
식용유 5큰술

토핑

오꼬노미야키 소스 5큰술
(또는 돈가스 소스)
마요네즈 3큰술
가쓰오부시 5g

* 토핑 분량은 1개 기준

집에서 직접 만들어 먹는 오꼬노미야키라니, 생소하게 느껴지나요? 김치전 부치듯 재료들을 한데 섞어 노릇하게 부쳐낸 후 소스만 듬뿍 뿌리면 손쉽게 완성할 수 있답니다. 생 마를 갈아 넣어 반죽에 부드러움을 더했고, 채 썬 양배추로 아삭함과 포만감을 챙겼어요. 노릇하게 구운 오꼬노미야키에 시원한 맥주 한 잔을 곁들여 보세요.

Recipe

1 오꼬노미야키 가루와 물을 섞어 반죽을 만든다.

2 양배추는 길게 채 썰고, 베이컨과
오징어는 한입 크기로 썬다.

3 마는 강판에 갈아 준비한다.
  ＊ 생 마가 피부에 닿으면 알레르기
  를 유발할 수 있으므로 반드시 위생
  장갑을 착용한다.

4 ①의 반죽에 양배추, 베이컨, 오징
  어, 간 마를 모두 넣고 골고루 섞
  는다.

5 달군 팬에 식용유를 넉넉히 두르고
  달걀 1개를 깨뜨린 후 노른자를 터
  뜨린다.

6 그 위에 반죽을 얇게 펼쳐 올린다.

7 한쪽 면이 노릇하게 익으면 뒤집어 마저 익힌다.

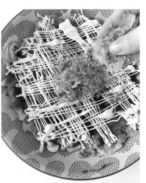

onee tip

마요네즈가 여러 줄로 얇게 나오는 소스통을 사용하면 좀 더 멋진 비주얼로 완성할 수 있어요. 오꼬노미야키 소스는 시판 돈가스 소스로 대체 가능합니다.

8 그릇에 담은 후 오꼬노미야키 소스를 전체적으로 바르고, 마요네즈를 격자무늬로 뿌린다.

9 가쓰오부시를 올린다.

강력 추천! 오니픽 식료품

SNS에서 종종 추천하는 오니픽 식료품을 한자리에 모아봤습니다.
브랜드명까지 추천하고 싶은 제품은 조금 더 상세히 소개해 드릴게요.

01 | 올리브 오일

• Casas de hualdo(카사스 디 후알도) 아르베퀴나 엑스트라버진
자주 가던 식료품 가게에서 추천받아 처음 알게 된 오일
로 지금은 제 '인생 올리브 오일'이라고 소개하고 싶은
제품이에요. 떨어지기 전에 늘 쟁여두는 재료 중 하나입
니다. 아르베퀴나 품종으로 만든 이 오일은 싱그러우면
서도 스파이시한 향이 살짝 감도는 게 참 매력적입니다.
구운 빵을 찍어 먹기만 해도 맛있고, 샐러드나 채소 구
이 등에 두르기만 해도 그 자체를 훌륭한 요리로 만들어
줘요. 향이 좋으니 가열해서 쓰는 용도로는 사용하지 말
고 조리 마무리 단계에 활용해 주세요.

02 | 트러플 제품(오일, 꿀, 발사믹식초)

• Artisan de la Truffe(아티장 드 라 트루프)
파리 여행을 갈 때면 잔뜩 사오곤 하는 제품. 국내에서
는 온라인 몰 '셰폴(@chezpaul.official)'에서 구입 가능
합니다. 해당 브랜드에는 다양한 제품이 있는데 트러플
오일, 꿀, 발사믹식초를 특히 추천합니다. 참고로 트러플
솔트는 향이 금방 날아가고 활용도가 다양하지 않아 손
이 잘 가지 않더라고요. 트러플 오일은 아무리 좋은 제
품을 사더라도 향이 날아가면 무용지물이기에 작은 용
량을 구입해 부지런히 쓰는 걸 추천해요. 앞서 소개한
제품 중 향이 가장 오래 남는 건 트러플 꿀이에요. 치즈
위에 뿌리거나 토스트에 곁들이면 정말 맛있답니다. 트
러플 발사믹식초는 샐러드나 달걀 프라이에 더하면 평
범한 요리가 단숨에 특별해져요.

03 | 화이트 발사믹식초 / 애플 비네거

수박 큐브 샐러드(244쪽)처럼 재료 본연의 색감을 살려
샐러드를 만들고 싶을 때는 진한 컬러의 발사믹식초보다
는 화이트 발사믹식초, 애플 비네거를 사용합니다. 특별
히 선호하는 브랜드는 없지만 하나쯤 구비해두면 은은한
산미가 필요한 요리에 식초 대신 사용하기 좋아요.

04 | 쯔유

가다랑어로 맛을 낸 일본식 간장이에요. 저는 주로 빠르
게 육수를 만들 때 물에 쯔유를 풀어 사용해요. 전골, 소
바, 우동 등 일식에 두루두루 어울리고, 튀김 요리를 찍
어 먹는 용도로 사용해도 좋아요. 딱히 브랜드를 가리지
않고 구입하는 편이지만 '메종드율' 제품을 특히 추천합
니다.

05 | 액상 치킨스톡

치킨스톡은 '주방의 치트키'라고 할 수 있어요. 급하게
떡볶이를 만들거나 찌개, 카레 등을 끓일 때 깊은 맛을
더하기 위해 종종 사용하는 제품이랍니다. 고형보다는
액상 타입이 사용하기 더욱 편해요.

06 | 참소스

단숨에 우리 집을 고기 맛집으로 만들어 주는 참소스.
파채나 양파 슬라이스를 참소스에 곁들여 고깃집 사이
드 메뉴처럼 내어 보세요. 새콤달콤한 참소스는 전, 부
침을 찍어 먹는 용도로 활용해도 잘 어울려요. 기름진
음식의 느끼함을 덜어줍니다.

07 | 오로시 소스

참소스와 비슷하지만 간 무가 더해져 조금 더 시원한 풍미가 느껴지는 새콤달콤한 간장 소스예요. 샐러드 드레싱으로도 활용 가능하고, 구운 소고기를 밥에 올린 후 오로시 소스만 뿌려도 근사한 덮밥이 완성됩니다. 샤브샤브 소스로도 제격이에요.

08 | 말돈 솔트

입자가 살아 있어서 씹는 재미를 주는 소금이에요. 손으로 으깨가며 입자 크기를 조절할 수 있는 게 특징입니다. 깨끗하고 부드러운 맛이 나기에 어느 요리에나 잘 어울려요. 아이스크림 등의 디저트 위에 뿌리면 비주얼과 맛을 한층 살릴 수 있답니다.

09 | 레드 페퍼(적후추)

동글동글 작은 열매 같은 레드 페퍼는 음식에 뿌리면 포인트 장식이 되어 줍니다. 특유의 향이 음식의 풍미를 새롭게 해줘요. 양식에 좀 더 잘 어울립니다.

10 | 훈제 파프리카 가루 • 베가카세레스

요리에 훈제 향과 맛을 더해주는 스페인 국민 향신료. 파프리카를 훈연해 곱게 갈아낸 가루로 빠에야, 감바스, 닭고기 요리 등에 특히 잘 어울려요. 진한 붉은색을 띠고 있어 이국적인 플레이팅을 도와줍니다.

11 | 후리가케

국내 제품인 '밥친구'처럼 밥 위에 뿌리거나 주먹밥을 만들 때 섞는 제품이에요. 가쓰오부시 풍미가 나며 파래 분말이 첨가된 것과 아닌 것이 있어요. 저는 주로 덮밥을 만들 때나 각종 일식에 활용합니다.

12 | 토마토 페이스트 • 로돌피

아주 진한 타입의 고농축 토마토 페이스트는 소량으로도 토마토의 깊은 풍미를 낼 수 있어요. 바질, 치즈 향이 첨가된 제품은 별다른 부재료 없이 요리에 활용할 수 있습니다. 튜브 타입이라 사용하기 더욱 편해요.

13 | 생 와사비

와사비를 구입할 때는 곱게 갈린 페이스트 타입의 연 와사비가 아닌 거친 입자가 살아 있는 생 와사비를 추천해

요. 해산물 요리에는 당연히 어울리고, 덮밥이나 고기에 곁들여도 궁합이 잘 맞는답니다.

14 | 튜브 타입 명란젓

명란젓은 그 자체로도 요리에 요긴하게 쓰이지만 마요네즈 등과 섞어 소스나 스프레드로 만들 때도 유용합니다. 이렇게 사용할 때는 명란젓을 씻은 후 껍질을 제거해야 하는 번거로움이 있는데요. 튜브 타입의 명란젓을 사용하면 간편하게 명란 소스를 만들 수 있어요.

15 | 대구알 스프레드

대구알 스프레드는 마치 명란 마요 소스와 비슷한 질감을 띠고 있어요. 염장한 대구알을 스프레드 형태로 만들어 짭조름한 감칠맛을 자랑합니다. 크래커에 발라 먹거나, 파스타 등에 활용하기 좋아요. 명란젓보다 더 짭조름한 편이니 양 조절에 주의하세요.

16 | 청어알

우리 집 냉장고에 늘 쟁여 두는 젓갈 중 하나입니다. 고기 먹을 때 쌈장 대신 곁들이기도 하고 두부, 오이, 김과 함께 그릇에 담기만 하면 금세 멋진 안주가 탄생해요. 특히 해산물 솥밥의 반찬으로 제격이에요.

17 | 모르타델라(슬라이스 햄)

커다란 소시지인 모르타델라를 얇게 슬라이스한 제품입니다. 가열하지 않고 간편하게 생 햄으로 즐길 수 있어요. 짜지 않고 부드러운 맛이 나며, 피스타치오와 통후추가 콕콕 박혀 있어 풍미가 진합니다. 모양도 예쁘고 맛도 좋아 홈파티 요리를 만들 때 자주 활용하는 햄입니다. 와인 안주로도 잘 어울려요.

18 | 크래커 • 핀크리스프 씬브레드

집에서 간단하게 안주 플레이트 만들어야 할 때 핀크리스프의 바삭한 크래커를 활용합니다. 장기 보관이 힘든 빵 대신 사용하기 유용해요. 이 크래커는 처음에 입에 넣었을 때는 사워도우의 산미가 느껴지는데 씹을수록 고소하면서도 담백한 맛이 나요. 크래커 표면의 거친 질감과 얇은 두께가 주는 식감도 재미있답니다. 다양한 재료를 올려 색다른 안주를 완성해 보세요.

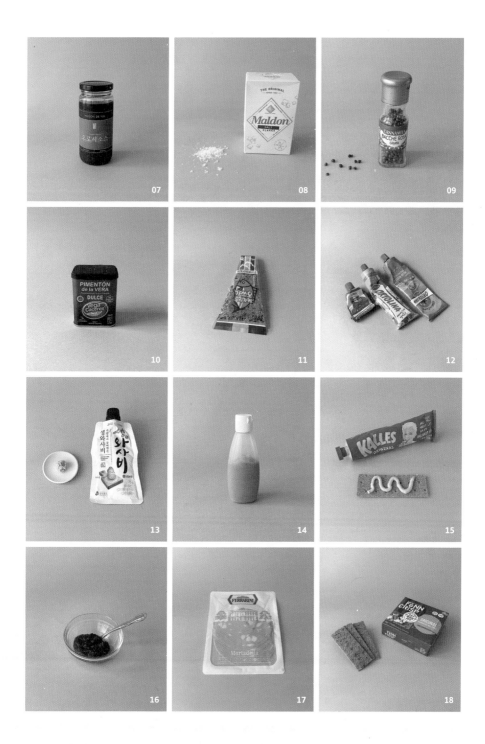

VEGETABL
PLATE

양

명란 감자
그라탕

Mentai Potato Gratin

25분 * **1인분** * **오븐 사용**

재료

감자 250g

피자치즈 60g

버터 20g

설탕 1/2작은술

소금 1/2작은술

소스

명란젓 2큰술

마요네즈 2큰술

올리고당 1큰술

통후추 적당량

명란은 어떤 요리에 넣어도 치트키가 되어주지만 버터, 치즈, 감자를 만나면 심각하게 맛있는 요리를 완성해 냅니다. 입맛 없을 때 처방해 드리고 싶을 만큼 맛있는 메뉴예요. 오븐이 없다면 전자레인지나 에어프라이어를 활용해도 됩니다.

Recipe

1 감사는 0.2~0.3cm 두께로 최대한 얇게 썬다.

2 팬에 버터를 녹인 후 감자, 설탕, 소금을 넣고 감자가 80% 이상 익을 때까지 볶는다.

3 볼에 소스 재료를 넣고 섞는다.
   * 튜브 타입의 명란젓을 사용하면 편리하다. 양념이 된 명란젓이라면 물에 가볍게 헹군 후 껍질을 제거하고 사용한다.

4 내열 그릇에 감자, 소스를 번갈아가며 넣는다.

5 피자치즈를 듬뿍 올려 윗면을 덮 **6** 200℃로 예열한 오븐에서 10분간 굽는다.
   는다.

단호박
포타주

Sweet Pumpkin Potage

30분 * **3인분**

재료

단호박 1/2통(300g)
양파 1/2개
버터 40g
휘핑크림 150ml
우유 80ml
물 60ml
액상 치킨스톡 1큰술
올리브 오일, 통후추(장식용)

'포타주(potage)'는 걸쭉하고 불투명한 크림 수프를 의미합니다. 이 메뉴를 단순히 단호박 수프라고 이름 붙이자니 깊은 맛을 표현하기엔 아쉬워 포타주라는 단어를 사용했어요. 찬바람이 불기 시작하면 몸을 데우기 위해 꼭 만드는 메뉴로, 단호박 포타주를 끓이는 일은 제게 가을맞이 의식과도 같답니다.

Recipe

1 단호박은 단단해 썰기 어려우므로 전자레인지에 약 3분간 돌린 후 씨를 제거하여 썬다. * 냉동 단호박을 사용해도 된다.

2 난호박을 찜기에 올려 10분간 찐 후 껍질을 제거한다. * 찜솥을 이용하거나 큰 냄비에 찜망을 넣어 찐다.

3 양파는 한입 크기로 썬다. 팬에 버터를 녹인 후 양파를 넣어 볶는다.

4 양파가 반쯤 투명해지면 찐 단호박을 넣고 재료를 버터로 코팅해준다는 느낌으로 볶는다.

5 블렌더에 ④, 휘핑크림, 우유, 물, 액상 치킨스톡을 넣고 곱게 간다. * 휘핑크림은 일부를 남겨 장식으로 활용한다.

6 재료들을 볶았던 냄비에 ⑤를 부
어 한 번 더 뜨끈하게 끓인다.

7 그릇에 수프를 담고 휘핑크림, 올
리브 오일, 통후추 등을 약간씩 뿌
려 장식한다.

• 식빵으로 크루통을 만들어 올리거나 모닝빵, 치아바타와 같은 담백
한 빵, 크래커 등을 찍어 먹어도 좋아요.
• 삶은 파스타 면과 베이컨을 넣고 졸이면 단호박 크림 파스타로도 즐
길 수 있답니다.

트러플
양배추 구이

Truffle Roasted Cabbage

25분 * **1인분** * **오븐 사용**

재료

양배추 약 1/4통(300g)

베이컨 2줄

올리브 오일 4큰술

소금 2 작은술

통후추 적당량

마요네즈 2큰술

트러플 오일 적당량(생략 가능)

여러 가지 메뉴로 채운 손님상에서 의외로 제일 먼저 비워지는 접시의 주인공은 단연 양배추 구이입니다. 평범한 양배추가 소금, 후추, 오일, 뜨거운 열과 만나 만들어 내는 환상적인 풍미를 느껴보세요. 트러플 오일은 거들 뿐이니 양배추 구이 본연의 맛을 느껴보고 싶다면 생략해도 무방합니다.

Recipe

1 종이 포일을 깐 오븐팬에 올리브 오일, 소금, 후추를 뿌린다.

2 양배추는 2.5cm 두께로 심지가 남아 있게 썬 후 오븐팬에 올려 ① 을 골고루 묻힌다.

3 170℃로 예열한 오븐에서 20분간 굽는다.

4 베이컨은 가늘게 채 썬 후 달군 팬
에 넣고 약불에서 바삭하게 볶는다.

5 그릇에 구운 양배추를 담고 마요
네즈를 군데군데 짜준다.

6 구운 베이컨을 골고루 올리고 전
체적으로 트러플 오일을 휘휘 둘
러준다.

 onee tip
• 같은 방식으로 당근, 가지, 버섯 등의 채소를 구워도 좋아요.
• 먹기 직전에 심지 부분만 잘라내면 한 겹씩 편하게 벗겨 먹을 수 있
   어요.

양배추 베이컨 나베

Cabbage Bacon Nabe

15분 * **1인분**

재료

양배추 약 1/8통(150g)
베이컨 3줄
대파 1/2대(초록색 부분)
표고버섯 2개
삶은 달걀 1개(생략 가능)
연겨자 약간

육수

가쓰오부시 장국 5큰술
설탕 1작은술
물 500ml

* 나무 꼬치 1개

SNS에서 많은 분들의 사랑을 받은 오니쿡 대표 레시피 중 하나
예요. 양배추와 베이컨을 활용해 집에서 아주 간단하게 만들 수
있는 1인분 나베입니다. 재료들을 한번 구운 후 끓여 내기에 풍
미가 이색적이에요. 따끈한 국물을 한 숟갈 떠먹으면 꽁꽁 언 몸
이 사르르 녹는답니다.

Recipe

1 베이컨은 4등분하고 베이컨 너비에 맞춰 양배추를 썬다. 꼬치에 베이컨 1조각, 양배추 2~3조각을 번갈아가며 꽂는다. * 꼬치에 꽂는 것은 비주얼을 위한 과정으로 맛에는 차이가 없으니 생략해도 된다.

2 대파도 비슷한 크기로 썰고, 표고버섯은 밑동을 제거하고 2등분한다.

3 마른 팬에 양배추 베이컨 꼬치, 버섯, 대파를 올려 뒤집어가며 노릇하게 굽는다.

4 냄비에 육수 재료를 넣고 섞은 후 끓어오르면 구워 둔 재료, 삶은 달걀을 넣고 끓인다.

5 국물이 너무 졸아들어 짜지 않도록 중불에서 5분간 뭉근히 끓인다.

6 오목한 그릇에 담고 그릇 한쪽에 연겨자를 짠다. 재료에 연겨자를 곁들여가며 먹는다.

onee tip 취향에 따라 버섯(팽이버섯, 느타리버섯 등), 유부, 어묵, 청경채 등 다양한 나베 재료를 넣어 응용해 보세요.

치즈
라따뚜이

Cheese Ratatouille

40분 * **2인분** * **오븐 사용**

재료

파프리카 2개

주키니 1/2개

가지 1개

감자 2개

토마토 소스 약 100g

피자치즈 80g

올리브 오일 3큰술

소금 1/2작은술

통후추 적당량

토마토 소스 위로 채소들을 켜켜이 쌓아 구워내면 완성되는 라따뚜이. 뻔한 재료에 정성이라는 조미료가 더해짐으로써 더욱 맛있어지는 요리인 것 같아요. 냉장고에 자투리 채소가 많을 때나 채식 요리를 대접해야 할 때 이 레시피를 선택해 보세요.

Recipe

1 파프리카는 둥근 모양을 살려 씨를 제거한다. 모든 채소를 얇게 썬다. 감자는 익는데 시간이 더 걸리므로 좀 더 얇게 썬다.

2 내열 그릇에 토마토 소스를 펴 바른다. ＊ 묽기에 따라 양을 조절하는데 일반적인 파스타용 토마토 소스라면 넉넉히 도톰하게 깔고, 농도가 짙은 다소 뻑뻑한 소스라면 얇게 깔아 준다.

3 소스 위로 채소들을 번갈아가며 겹겹이 쌓아 올린다. 너무 촘촘하게 세워서 넣으면 속까지 익지 않으므로 눕히듯이 켜켜이 쌓는다.

4 채소 위로 올리브 오일, 소금, 후추를 두른 후 180℃로 예열한 오븐에서 25분간 굽는다.

5 오븐에서 잠시 꺼내 피자치즈를 넉넉하게 올린다.

6 오븐에 다시 넣고 5분간 더 굽는다.

대파
감바스

Green Onion Gambas Al Ajillo

15분 * 1인분

재료

새우 8마리
마늘 15쪽
대파 1/2대(흰 부분)
올리브 오일 100ml
페페론치노 3개
소금 1작은술
통후추 적당량
바게트 적당량

'감바스(gambas al ajillo)'는 올리브 오일에 새우와 마늘을 넣어 끓인 스페인식 요리를 말합니다. 그동안 마늘이 주인공이었다면, 이 감바스는 대파와 마늘이 공동 주연입니다! 파 향까지 머금어 풍미가 두 배로 깊어진 감바스를 즐겨보세요.

Recipe

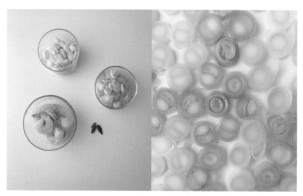 

1 마늘은 편 썰고 대파도 마늘과 비슷한 두께로 송송 썬다. 새우는 미리 해동해서 준비한다. ＊새우의 크기에 따라 개수를 조절한다. 일반적인 중 사이즈 칵테일새우를 기준으로 8마리 사용했다.

2 팬에 올리브 오일, 미늘을 넣고 약불에서 끓이기 시작한다. 페페론치노를 손으로 쪼개 넣는다.

3 기름이 끓어오르기 시작하면 대파를 넣는다.

4 기름에 마늘과 대파 향이 배어들면 중불로 올리고 새우를 넣는다.

5 소금을 넣고 통후추를 듬뿍 갈아 뿌린 후 새우가 속까지 익으면 불을 끈다. ＊비린내가 걱정된다면 화이트 와인을 약간 더해도 좋다.

6 바게트를 곁들인다.

 • 마지막 단계에 파프리카 가루를 약간 뿌리면 훈제향과 풍미를 더할
수 있어요.
• 남은 감바스에 삶은 파스타 면을 넣고 소금을 더해 간을 맞춰 오일
파스타로도 즐겨보세요.

베이컨
감자채전

Bacon Potato Pancake

15분 * 3장(중간 크기)

재료
감자 2개
베이컨 3줄
부침가루 5큰술
물 75ml
식용유 적당량

감자전을 만들려면 강판도 필요할 것 같고, 정성도 많이 들어갈 것 같지만 생각보다 간단한 방법으로 기막히게 맛있는 감자전을 만들 수 있습니다. 바로 감자채전! 감자를 채 썰어 만들면 씹는 식감이 살아 있어 더욱 매력있어요. 이미 맛있는 감자전 위에 피자치즈를 뿌리는 건 반칙이지만 이렇게도 꼭 즐겨보세요.

Recipe

1 감자는 가늘게 채 썬다.

2 베이컨도 감자와 비슷한 두께로 채 썬다.

3 볼에 채 썬 감자, 부침가루, 물을 넣어 골고루 섞는다. ＊부침가루에 간이 되어 있으므로 따로 소금을 더 하지 않는다.

4 달군 팬에 식용유를 넉넉히 두르고 충분히 예열한 후 감자반죽을 얇게 펼친다.

5 가운데 베이컨채를 올린다.

6 감자 반죽이 익으면서 한 덩어리가 되면 베이컨이 흩어지지 않도록 주의하며 뒤집어 굽는다. ＊처음에는 중불에서 바삭하게 굽다가 약불로 줄여 마저 익히는 것이 좋다.

onee
tip

마지막에 피자치즈를 더해도 맛있어요.
과정 ⑥에서 피자치즈를 얹고 팬의 뚜껑
을 덮어 녹이거나 전자레인지를 활용하
세요.

명란
표고버섯

Mentai Grilled Mushroom

15분 · 1인분

재료

표고버섯 6개

피자치즈 50g

명란젓 30g(1/2개)

식용유 1큰술

통후추 약간

아주 간단하게 뚝딱 만들 수 있는 안주, 명란 표고버섯. 토치로 구워낸 치즈의 고소함, 짭조름한 맛의 명란, 버섯 특유의 풍미와 쫄깃한 식감, 세 가지의 조합이 훌륭한 요리입니다. 전통주나 사케에 곁들이길 추천해요. 먹기 편하고 비주얼이 귀여워 손님맞이 음식으로도 손색없답니다.

Recipe

1 표고버섯은 밑동을 제거한다.

2 달군 팬에 식용유를 두른 후 표고버섯을 넣어 앞뒤로
　노릇하게 굽는다.

3 내열 그릇에 구운 표고버섯을 담고 명란젓을 조금씩 올린다. * 튜브 타입의 명란젓을 사용하면 편리하다. 양념이 된 명란젓이라면 물에 가볍게 헹군 후 껍질을 제거하고 사용한다.

4 명란젓 위로 피자치즈를 넉넉히 얹고 토치로 치즈를 녹인 후 후추를 뿌린다.

표고버섯
달걀프라이

Mushroom Fried Egg

10분 * **1인분**

재료

표고버섯 1개

달걀 1개

식용유 1큰술

소금 1꼬집

통후추 약간

트러플 오일 1/2큰술(생략 가능)

손쉽게 만들 수 있는 달걀프라이에 표고버섯 딱 1개만 더해 맛과 영양을 업그레이드해 보세요. 표고버섯 특유의 짙은 향이 녹진한 반숙 노른자와 잘 어우러집니다. 구운 식빵 위에 올려 토스트처럼 먹어도 좋고, 밥과 함께 반찬으로 먹어도 좋아요.

Recipe

1 표고버섯은 밑동을 제거한다. 달군 팬에 식용유를 두른 후 버섯 안쪽이 팬에 닿도록 올려 굽는다.

2 버섯을 팬 한쪽으로 밀어 두고, 달걀을 깨뜨려 흰자만 넣는다. 노른자는 껍질째 잠시 보관한다.

3 표고버섯을 뒤집어 흰자 위에 올린 후 소금을 뿌린다.

4 그릇에 ③을 조심스레 옮긴 후 버섯 가운데 부분에 노른자를 올린다. 취향에 따라 후추와 트러플 오일을 뿌린다.

알배추 구이

Roasted Korean Cabbage

10분 ＊ 1인분

재료

알배추 1/4통
고추기름 1큰술
페페론치노 2개
소금 2꼬집
통후추 약간

채소를 익혔을 때 나는 단맛과 식감은 생 채소와는 또 다른 매력으로 다가옵니다. 소금과 후추만을 뿌려 노릇하게 구운 알배추는 단독으로도 근사한 안주가 되어 줘요. 구운 고기의 짝꿍으로는 더없이 훌륭하고요. 고추기름을 뿌려 매콤하게 즐기면 더욱 맛있답니다.

Recipe

1 알배추 1/4통을 2등분한다. ＊배추가 너무 두툼하면 속까지 익지 않기에 적절한 두께로 썰어야 한다.

2 달군 팬에 배추를 넣고 소금, 후추를 뿌린 후 속까지 익힌다. ＊팬에 따로 기름을 두르지 않지만, 배추가 너무 달라 붙는다면 식용유나 올리브 오일을 살짝 더한다.

 알배추 구이는 참소스나 새콤한 겨자 간장 소스
에 찍어 먹으면 별미예요. 우삼겹, 차돌박이, 대
패삼겹살 등을 구워 곁들이면 더욱 푸짐하고 맛
있답니다.

3 그릇에 담고 고추기름을 골고루 뿌린 후 페페론치노를
손으로 부숴가며 더한다.

간장 소스
우엉 튀김

Soy Sauce Fried Burdock

20분 · 1인분

재료

우엉채 150g
전분가루 60g
소금 1/2작은술
식용유 200~300ml

소스

간장 2큰술
맛술 2큰술
올리고당 2큰술
식초 1큰술
물 1큰술
생강가루 1/2작은술

튀기면 뭐든 맛있어진다고 하지만 채소는 튀겼을 때 매력이 더욱 폭발하는 것 같아요. 재료 고유의 식감과 자연스러운 단맛이 유독 잘 느껴지는 조리법이랄까요! 특히 우엉은 튀겼을 때 특유의 쌉싸래한 맛과 아삭하면서도 쫄깃한 식감이 돋보인답니다. 간장 소스를 곁들이는 것도 별미지만 막 튀겨낸 뜨거운 튀김에 맛소금만 솔솔 뿌려도 맛있어요.

Recipe

1   우엉채는 씻어 물기를 제거한다.
    *손질된 우엉채를 구입하면 편리
    하다.

2   볼에 우엉채, 전분가루, 소금을 넣
    고 버무린다.

3   깊은 냄비에 식용유를 넣고 달군
    다. 나무젓가락을 담갔을 때 젓가
    락 표면에 거품이 보글보글 올라
    오면 튀기기 적당한 온도이다.

4   우엉을 넣고 달라붙지 않도록 젓
    가락으로 뒤적이며 약 2분간 튀긴
    다. *냄비의 크기에 따라 기름에 잠
    길 만큼씩 나눠 튀긴다.

5   튀긴 우엉은 잠시 체에 밭쳐 기름
    기를 털어낸다.

6   냄비에 소스 재료를 넣고 한 소끔
    끓인다. 우엉튀김 위에 소스를 골
    고루 뿌린다. *소스를 생략하고 맛
    소금을 뿌려도 좋다.

남은 우엉으로는 오니쿡 만능 간장(132쪽)을 활용해 초간단 우엉조림을 만들어 보세요.

재료 | 우엉채 150g, 식용유 1큰술, 만능 간장 6큰술, 올리고당 1큰술, 참깨 약간

1   우엉채는 씻어 물기를 제거한다.
2   마른 팬에 우엉을 넣고 덖어 물기를 날린 후 식용유를 더해 볶는다.
3   만능 간장을 넣고 졸이듯 볶는다. 우엉이 부드럽게 익으면 마지막에 올리고당을 넣어 윤기를 더한다. 참깨를 뿌려 완성한다.

로메스코
소스 &
알감자 구이

Romesco Sauce & Roasted Potato

40분 * 로메스코 소스 약 160g
* 오븐 사용

재료
알감자 5개
올리브 오일 4큰술
소금 1작은술
통후추 적당량
로즈마리 2~3줄기

로메스코 소스
파프리카 1개
아몬드 60g
그라나파다노 치즈 20g
올리브 오일 4큰술
토마토 페이스트 3큰술
마늘 2쪽
소금 2꼬집

'로메스코(romesco)'는 파프리카를 태우듯이 구운 후 아몬드, 치즈 등을 넣고 갈아 만드는 주황빛의 소스입니다. 다소 생소할 수 있지만 반드시 소개하고 싶을 정도로 맛있어요. 고소하면서 감칠맛이 가득한 이 소스는 채소 구이, 해산물 구이, 닭고기 구이와 특히 잘 어울립니다.

Recipe

로메스코 소스

1 파프리카는 가스불에 구워 겉을 완전히 태운다. 불이 닿지 않는 사이사이는 토치를 이용해 꼼꼼히 굽는다.

2 흐르는 물에 대고 씻어가며 껍질을 벗긴다.

3 껍질을 벗긴 파프리카는 적당한 크기로 썬다.

4 마른 팬에 아몬드를 넣고 살짝 볶아 수분기를 날린다.

5 그라나파다노 치즈는 갈아서 계량해 준비한 후 블렌더에 모든 소스 재료를 넣고 부드럽게 간다.

6 완성된 소스를 유리 용기에 담는다. ＊ 냉장 보관하며 2주 이내로 먹는다.

알감자 구이

1 알감자는 깨끗이 씻어 껍질째 사용한다. 크기에 따라 2~4등분한다.

2 종이 포일을 깐 오븐 팬에 감자를 올리고 올리브 오일, 소금, 후추, 로즈마리를 넣고 골고루 버무린다. * 로즈마리는 생 잎을 사용하면 좋지만 없다면 말린 로즈마리로 대체한다.

3 200℃로 예열한 오븐에서 20분간 굽는다. 그릇에 로메스코 소스를 넉넉히 펴 바르고 그 위에 감자 구이를 담는다. * 오븐 대신 에어프라이어를 사용해도 된다.

onee tip 파프리카는 겉을 태워 구우면 그 자체로 단맛을 듬뿍 머금게 돼요. 이렇게 익힌 파프리카는 껍질을 벗겨 샐러드나 콜드 파스타 등의 재료로 활용하면 맛있답니다.

핑크 비트
구이

Roasted Beet

15분(+비트 굽기 55분)
* **1인분** * **오븐 사용**

재료
비트 1개
아몬드 8알
딜 약간(생략 가능)
올리브 오일 2큰술
소금 2꼬집
통후추 약간

소스
페타치즈 120g
마요네즈 2큰술
꿀 2큰술

진한 붉은빛의 색감에 압도당하고 맛을 보면 한 번 더 놀라게 되는 그림 같은 한 접시, 핑크 비트 구이. 씁쓸하게만 느껴지던 생 비트는 오븐에서 뜨거운 열을 만나면 달콤한 맛을 잔뜩 머금게 됩니다. 두 번 구워 더욱 맛있는 비트에 페타치즈 소스를 곁들여 근사한 요리를 완성해 보세요.

Recipe

1 비트는 씻은 후 물기를 제거하고 쿠킹 포일로 빈틈없이 감싼다.

2 200℃로 예열한 오븐에서 45분간 굽는다.

3 구운 비트는 키친타월을 이용해 껍질을 벗긴다.

4 불규칙하게 어슷썬다. 볼에 구운 비트 절반 분량, 올리브 오일(1큰 술), 소금을 넣고 버무린다. ＊구운 비트는 절반만 사용한다.

5 쿠킹 포일에 ④를 올린 후 감싸 다시 오븐에 넣고 10분간 더 굽는다.

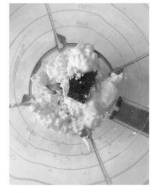

6 블렌더에 구운 비트 작은 조각, 소스 재료를 넣고 곱게 갈아 핑크 소스를 만든다. ＊블렌더가 없다면 재료를 으깨가며 섞어도 맛에는 큰 차이가 없다.

7 그릇에 소스를 펴 바른 후 구운 비트를 얹는다.

8 부순 아몬드, 딜, 올리브 오일(1큰 술), 후추를 곁들인다. ＊ 아몬드는 마른 팬에 한번 볶아 사용하면 더욱 고소하고 바삭하다.

이 레시피에서는 비트를 통째로 구워 그중 절반 분량만 사용해요. 나머지는 냉동 보관했다가 그때그때 해동해 주스로 갈아 먹거나 샐러드 재료, 구운 고기의 가니쉬 등으로 활용하세요.

팽이버섯
구이

Roasted Enoki Mushroom

15분 * 1인분

재료

팽이버섯 1봉
올리브 오일 3큰술
소금 1/2작은술
통후추 적당량
트러플 오일 1큰술(생략 가능)

오니쿡 초대상의 사이드 메뉴로 가장 자주 등장하는 요리는 바로 팽이버섯 구이예요. 최고의 사이드 메뉴지만 혼술 안주로도 주인공 역할을 톡톡히 해내는 메뉴랍니다. 천 원 내외로 살 수 있는 팽이버섯이 이렇게나 맛있다니, 먹을 때마다 놀라곤 해요. 채소는 기름과 열을 만나면 단숨에 맛있어지는데 그 마법을 특히나 잘 느낄 수 있는 레시피입니다.

Recipe

1 팽이버섯은 밑동을 제거하고 잘게 찢는다. 종이 포일을 깐 오븐팬에 펼쳐 올린다. * 종이 포일을 사용하면 뒤처리가 편하다.

2 올리브 오일, 소금, 후추를 뿌리고 골고루 묻어나도록 손으로 뒤적이며 섞는다.

3 180℃로 예열한 오븐에서 10분간 굽는다.

4 그릇에 담은 후 트러플 오일을 뿌린다. * 트러플 오일을
생략해도 충분히 맛있다.

Small Side Dish

기본 안주나 곁들임 반찬으로 내기 좋은 초간단 한 접시.
자주 남는 일상 재료를 활용할 수 있는 메뉴부터 이색 꿀조합 메뉴까지.
한두 줄의 짧은 레시피로 소개해 드릴게요.

가쓰오부시 단무지 무침

자꾸만 손이 가는 이자카야 기본 안주. 꼬들단무지의 물기를 꼭 짠 후 가쓰오부시, 참깨, 참기름과 버무리면 끝! 하이볼과 먹으면 최고랍니다.

흑임자 소스 묵은지

가볍게 씻어서 물기를 짜낸 묵은지에 들기름과 시판 흑임자 드레싱을 뿌려보세요. 폭발하는 고소함과 김치의 신맛이 잘 어우러져요. 고기 먹을 때 곁들임 반찬으로도 좋고, 가벼운 안주로도 제격입니다.

봄나물 한 접시

제철에는 일부러 더 챙겨먹으려고 하는 봄나물. 갖은양념에 무치기 귀찮다면 접시에 봄나물을 예쁘게 담은 후 참기름, 초고추장, 통깨를 졸졸 뿌리면 귀여운 안주가 완성돼요.

샐러리 & 불닭마요

샐러리를 얇게 썰어 시판 불닭마요 소스에 찍어 먹으면 이색적이에요. 샐러리를 좋아하지 않는 분들도 이렇게 맛보면 아삭한 식감이 주는 매력을 느낄 거예요. 불닭마요 소스는 김부각과 함께 내어도 잘 어울린답니다.

가쓰오부시 오이

오이 반쪽을 최대한 얇게 썰고 그 위에 쯔유, 곱게 간 참깨, 가쓰오부시를 올려주세요. 새콤하게 즐기고 싶다면 식초를 약간 더하는 것도 팁! 아삭한 오이와 쯔유의 풍미가 특히 잘 어울려요.

꽈리고추 튀김

꽈리고추를 별도의 튀김옷 없이 기름에 퐁당 담가 튀겨 낸 후 맛소금과 파프리카 가루를 솔솔 뿌리면 자꾸만 손이 가는 안주가 완성됩니다. 복불복으로 매콤한 고추가 걸리는 재미까지 느껴보세요.

채소 구이

팽이버섯 구이(216쪽)와 같은 방법으로 좋아하는 채소에 올리브 오일, 소금, 후추를 더해 구워보세요. 열을 만나 부드러워진 채소를 한 입 베어 물면 본연의 단맛이 듬뿍 배어 나온답니다.

애호박전 & 명란젓

부침가루, 달걀물을 입혀 노릇하게 부친 애호박전. 간장 대신 명란젓을 조금씩 올려 색다르게 즐겨보세요. 자연스럽게 간도 맞출 수 있고, 명란젓과 애호박의 단맛이 어우러져 감칠맛이 폭발합니다.

양배추 & 참깨 소스

생 양배추를 먹기 좋은 크기로 썰어 시판 참깨 소스에 콕 찍어 먹어 보세요. 입맛 없을 때 간식처럼 먹거나 혼술 안주로 즐겨 먹기 좋아요. 앉은 자리에서 양배추 반 통이 금세 사라진답니다. 참깨 소스는 샤브샤브 소스로도 유용해요.

토마토 달걀 볶음

달걀 2개에 쯔유 1큰술을 풀어 스크램블 한 후 팬의 한 쪽에 잠시 밀어 둡니다. 빈 곳에 토마토와 쪽파를 넣어 볶다가 달걀과 섞으면 '토달볶' 완성! 입맛을 확 돋워주는 감칠맛 폭발 메뉴랍니다.

참깨 소스 브로콜리 무침

데친 브로콜리의 물기를 잘 제거한 후 참깨 소스, 막 갈아낸 참깨를 더해 버무려 만드는 초간단 메뉴. 맛있으면서 영양가도 있어 무한 리필하기 좋은 기본 안주예요.

간장 장아찌

오이고추, 무, 마늘종, 양파, 궁채 등 좋아하는 채소로 간단 장아찌를 만들어 보세요. 냄비에 간장 80ml, 물 150ml, 식초 50ml, 설탕 50g을 넣고 팔팔 끓인 후 채소에 부어 실온에서 1일간 숙성시킨 후 냉장 보관하면 됩니다.

구운 달걀

집에서도 맛있는 구운 달걀을 만들 수 있어요. 전기밥솥에 달걀, 물(달걀이 잠길 정도), 다시마 2~3장을 넣은 후 90분간 익혀주세요. 속까지 적당한 간이 배어 맛있게 완성돼요.

어묵 구이

요리하고 조금씩 남는 어묵은 유통기한이 짧기에 구워서 간식처럼 즐기면 좋아요. 에어프라이어에 튀기거나 (150℃, 10분) 팬에 기름을 살짝 두른 후 구우면 됩니다. 케첩&핫소스에 찍어 먹으면 별미예요.

메이플 베이컨

두툼한 베이컨을 팬에 구운 후 메이플 시럽, 후추를 뿌리면 맛도 비주얼도 훌륭한 안주를 즐길 수 있어요. 레드 와인과의 조합이 특히 좋답니다.

그리시니 말이

시판 그리시니 스낵에 하몽이나 프로슈토를 돌돌 만 후 후추와 훈제 파프리카 가루를 뿌리면 근사한 와인 안주가 됩니다. 고소하고 짭조름한 맛이 매력적이며, 하나씩 집어먹는 재미도 있어요.

페퍼로니 구이

페퍼로니를 오븐에 살짝 구운 후 꿀을 찍어 먹어보세요.
살짝 매콤하면서 달달한 게 간단 안주로 최고랍니다.
또띠야에 페퍼로니, 피자치즈를 듬뿍 올려 구워내면 페
퍼로니 피자로 즐길 수도 있어요.

루꼴라 샐러드

피자나 파스타 먹을 때 사이드 메뉴로 내기 좋은 단순
조합 초간단 샐러드. 그릇에 루꼴라를 담고 신선한 올
리브 오일, 발사믹식초, 후추를 뿌려 싱그럽게 즐겨 보
세요.

명란 크림치즈

이자카야에서 먹고 반했던 메뉴를 재현해 봤어요. 크림
치즈 100g, 꿀 1과 1/2큰술을 섞은 후 명란젓과 함께
접시에 담으면 끝! 크래커에 조금씩 올려 먹으면 참 매
력 있답니다.

치즈 & 생 양송이

조금 생소할 수 있지만 양송이버섯을 생으로 즐기면 색
다른 풍미가 느껴져요. 얇게 썬 양송이버섯에 그라나파
다노 치즈를 듬뿍 갈아올린 후 트러플 오일, 후추를 뿌
리면 완성됩니다.

부라타 치즈 & 올리브 오일

부라타 치즈는 그냥 먹어도 맛있지만 싱그러운 올리브 오일과 소금을 뿌리면 더욱 맛있어요. 올리브 오일과 소금 대신 좋아하는 과일과 꿀을 곁들여도 잘 어울린답니다.

얼그레이 복숭아

복숭아 조각, 얼그레이 찻잎, 꿀을 한데 버무린 후 복숭아의 수분으로 인해 찻잎이 부드러워지면 리코타 치즈를 듬성듬성 담아냅니다. '복숭아 홍차의 씹는 버전'이라고 할 수 있는 풍미 가득 디저트가 완성돼요.

딸기 리코타 치즈

리코타 치즈를 한입 크기로 떠 그릇에 올린 후 그 위에 계절 과일을 한 조각씩 올려주세요. 마지막에 연유를 뿌리면 와인바에서 나올 법한 디저트 안주가 완성됩니다.

에스프레소 마스카포네

작은 잔에 마스카포네 치즈 1큰술, 설탕 1/2큰술을 넣고 잘 섞은 후 에스프레소 샷을 내려 섞어주세요. 코코아가루를 솔솔 뿌리고, 비스킷을 꽂으면 피로가 달아나는 달콤 디저트를 즐길 수 있어요.

SALAD
PLATE

05

에그 미모사

Egg Mimosa

20분 * 1인분

재료
달걀 4개
딜 약간(장식용, 생략 가능)
올리브 오일 적당량
통후추 약간

소스
마요네즈 1과 1/2큰술
홀그레인 머스터드 1큰술
꿀 1큰술
통후추 약간

노란 미모사(mimosa) 꽃을 닮은 어여쁜 모습의 에그 미모사. 삶은 달걀 노른자를 으깬 후 톡톡 터지는 식감의 머스터드 씨를 더해 풍미와 식감이 매력적인 필링을 만들었어요. 흰자에 쏙쏙 채우면 귀여운 비주얼을 자랑한답니다. 한입 간식으로도, 가벼운 와인 안주로도 강력 추천해요.

Recipe

1 냄비에 달걀, 잠길 만큼의 물을 담고 중불에서 완숙으로 삶는다. 노른자가 한쪽으로 쏠리지 않도록 중간중간 굴려준다. * 물이 끓고 나서부터 13분간 삶으면 완숙이 된다.

2 삶은 달걀은 껍데기를 벗긴 후 세로로 2등분한다.

3 노른자와 흰자를 분리한 후 노른자만 모아 포크 또는 매셔를 이용해 으깬다.

4 으깬 노른자에 소스 재료를 넣고 골고루 섞는다.

5 흰자에 노른자 필링을 충분히 채운다. ＊깍지를 끼운 짤주머니를 활용하면 정
갈한 모양을 낼 수 있다.

6 그릇에 담고 올리브 오일, 후추를
뿌린 후 딜 잎을 조금씩 뜯어 올
린다.

onee
tip
집들이, 모임 등을 위해 많은 양을 준비해야 할 경우 미리 노른자 필링
을 만든 후 흰자와 따로 보관했다가 먹기 전에 속을 채워 냅니다.

구운 치즈
로메인
샐러드

Baked Cheese Romaine Salad

10분 · 1인분

재료

로메인 1포기
그라나파다노 치즈 3큰술
소금 3꼬집
올리브 오일 적당량
통후추 적당량
건 크랜베리 적당량

이 샐러드는 드레싱을 따로 곁들이지 않고 로메인에 치즈를 넉넉히 뿌려 구워내 맛과 향을 입히는 것이 특징입니다. 아삭한 로메인, 구운 치즈의 고소함, 건 크랜베리의 상큼함이 조화롭게 어우러져요. 바싹 구운 베이컨을 듬뿍 얹어도 맛있답니다.

Recipe

 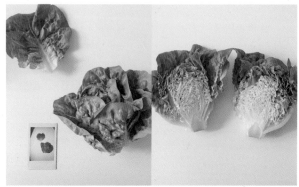

1 그라나파다노 치즈는 그레이터에 갈아 준비한다.

2 로메인은 포기 모양을 살려 2등분한다.

3 내열 그릇에 로메인 속이 위를 향하도록 담고 소금을 골고루 뿌린 후 그라나파다노 치즈를 전체적으로 뿌린다.

4 토치를 이용해 치즈를 녹이며 겉면을 굽는다.

5 올리브 오일, 후추, 건 크랜베리를 뿌린다.

onee
tip

· 2가지 치즈를 섞어 사용하면 풍미가
  더 진해져요.
· 취향에 따라 채 썬 베이컨 2줄을 바짝
  구워 토핑으로 올려도 좋아요.

로메인
쌈 샐러드

Romaine Wrap Salad

5분 * **1인분**

재료

미니 로메인 1포기
슬라이스 햄 2장
하드 치즈 40g
청포도 4알
무화과잼 2큰술
올리브 오일 적당량
통후추 적당량

로메인의 여린 속잎을 사용해 귀여운 비주얼로 완성한 샐러드
입니다. 별다른 불 조리 없이 로메인 잎에 재료들을 올리면 완성
되기에 간편해요. 뚝딱뚝딱 조립식으로 만든 것에 비해 맛은 전
혀 어설프지 않답니다. 묘하게 새롭고 다채로운 맛이 나요.

Recipe

1 슬라이스 햄은 4등분하고 치즈는 작게 편 썬다. ＊ 단단한 타입의 치즈(콩테, 고다 등)를 사용한다.

2 청포도는 알알이 2등분한다.

3 로메인의 큰 잎은 떼어내고 안쪽의 여린 잎을 1장씩 떼어내 그릇에 올린다.

4 로메인 잎에 햄, 치즈를 한 조각씩 올린다.

5 청포도를 올린 후 무화과잼을 약
간씩 곁들인다. 전체적으로 올리
브 오일, 후추를 뿌린다.

 onee tip
• 무화과잼이 없다면 블루베리잼, 사과잼 등 다른 과일잼을 활용해도
  좋아요.
• 마지막에 레드 페퍼 또는 트러플 오일을 뿌리면 독특한 풍미를 더할
  수 있어요.

흑미 감말랭이 샐러드

Black Rice & Dried Persimmon Salad

10분 * **1인분**

재료

흑미밥 1공기
구운 감태김 1장
감말랭이 4개
올리브 오일 1큰술
양파 후레이크 3큰술
소금 2꼬집
통후추 약간

흑미와 감말랭이 그리고 감태, 아주 이색적인 조합이죠. 식감은 물론 단맛과 짠맛의 조화가 잘 어우러져 독특한 매력을 풍기는 샐러드입니다. 적은 양으로도 속이 든든해져요. 차갑게 먹어도 맛있기 때문에 도시락 메뉴로도 제격입니다.

Recipe

1 평소보다 물의 양을 살짝 적게 잡아 흑미밥을 고슬고슬하게 짓는다. 너무 뜨겁지 않게 한 김 식힌다. *백미와 섞지 않고 100% 흑미만 사용한다.

2 감말랭이를 작게 썬다.

3 볼에 감태김을 제외한 모든 재료를 넣고 섞는다. *주걱을 세워 가르듯이 섞어야 밥이 질어지지 않는다.

4 그릇에 ③을 담고 감태김을 큼지막하게 찢어 올린다.

 onee tip 양파 후레이크는 온라인 몰에서 쉽게 구입 가능해요. 이케아에서 판매
하는 '로스타드 뢰크' 제품을 추천합니다.

수박 큐브
샐러드

Watermelon Cube Salad

5분 * 1인분

재료

수박 50g
오이 50g
페타치즈 40g
애플민트 잎 5장
올리브 오일 2큰술
화이트 발사믹식초 1큰술
통후추 약간

큐브 블록 모양을 띠고 있어 보기에도 예쁘고 콕콕 집어먹는 재미도 있는 샐러드예요. 참외 샐러드(256쪽)와 함께 여름철 강력 추천하는 메뉴입니다. 달콤한 수박과 짭조름한 페타치즈는 한입에 같이 넣어야 제맛! 입안에서 폭발하는 듯한 단짠 조합의 매력을 느껴보세요.

Recipe

1 수박, 페타치즈, 오이는 사방 1.5cm 크기로 썬다.

2 볼에 모든 재료를 넣고 치즈가 부서지지 않도록 주의하며 살살 버무린다. 애플민트 잎은 손으로 찢어 넣는다.

3 수박, 오이, 치즈를 번갈아가며 쌓아 큐브 모양을 만든다. * 레몬 제스트를 뿌리면 풍미가 더욱 좋다.

onee tip

· 오이 대신 멜론, 참외, 키위 등을 사용해도 좋아요.
· 큐브 모양을 만들지 않고 버무린 상태로 그릇에 담아도 돼요.

메밀
오이고추
샐러드

Cucumber Pepper Soba Salad

15분 · 1인분

재료

메밀면 50g
새우 7~8마리
오이고추 1개
양파 1/4개
샐러드용 채소 1줌

오리엔탈 드레싱

참기름 2큰술
간장 2큰술
사과식초 1큰술
꿀 1큰술
참깨 1/2큰술
다진 마늘 1작은술
소금 1/2작은술
통후추 약간

평소 수분감이 가득한 오이고추를 참 좋아해요. 동양적인 소스를 베이스로 한 샐러드에 토핑으로 가득 올리면 잘 어울릴 것 같아 이 메뉴를 떠올렸어요. 메밀면을 넣어 포만감까지 챙겼답니다. 구수한 메밀면이 아삭아삭한 오이고추와 잘 어우러져요. 다이어터에게 추천하고 싶지만, 새콤한 드레싱이 입맛을 돋워 식욕을 부추길지 모르니 주의하세요!

Recipe

1 양파는 최대한 얇게 채 썬 후 찬물에 담가 매운맛을 뺀다.

2 끓는 물(소금 1큰술 추가)에 메밀면을 넣고 포장지에 적힌 시간만큼 삶는다. 이때, 새우도 함께 넣고 삶는다. 삶은 메밀면은 차갑게 헹군 후 체에 밭쳐 물기를 제거한다.

3 볼에 드레싱 재료를 넣고 섞는다.
   * 시판 오리엔탈 드레싱을 사용해도 무방하다.

4 다른 볼에 메밀면, 새우, 양파를 넣고 오리엔탈 드레싱 4큰술을 넣어 버무린다.

5 그릇에 샐러드용 채소를 깔고 그 위에 ④를 올린다.

6 오이고추를 송송 썰어 듬뿍 올린다.

onee tip

• 새우 대신 오징어나 관자 등 다른 해산물을 사용해도 좋아요.
• 오이고추 대신 채 썬 깻잎을 토핑으로 올려도 잘 어울립니다.

사과대추
샐러드

Apple Jujube Salad

10분 · 1인분

재료

사과대추 4개
루꼴라 20g
프로슈토 2장(생략 가능)
구운 피스타치오 10g
발사믹 글레이즈 1큰술

드레싱

올리브 오일 1큰술
화이트 발사믹식초 1큰술
(또는 애플 비네거)
소금 2꼬집
통후추 약간

쪼글쪼글 말린 대추와는 전혀 다른 매력을 가지고 있는 아삭아삭 달콤한 맛의 사과대추! 제철이 짧기에 초가을 부지런히 샐러드에 넣어 먹는답니다. 과하지 않고 은은한 단맛을 지녀 어떤 샐러드에 넣어도 잘 어울려요. 산뜻한 사과대추 샐러드에 고소한 피스타치오를 더하면 맛도 든든함도 배가 돼요.

Recipe

1   사과대추는 씨 부분을 제외하고 사면을 잘라낸 후 얇게 썬다.

2 볼에 루꼴라, 드레싱 재료를 넣고 버무린다.

3 그릇에 ②, 사과대추를 올리고 군데군데 발사믹 글레이즈를 뿌린다. 프로슈토를 찢어 올리고, 구운 피스타치오를 얹는다.

· 사과대추가 주재료이기 때문에 루꼴라 대신 다른 샐러드용 채소를
사용해도 무방합니다.
· 아몬드, 캐슈넛 등 다른 견과류를 사용해도 되지만 이 샐러드에는
피스타치오를 추천합니다. 색감과 맛 모두 가장 잘 어울려요.

참외 샐러드

Oriental melon Salad

♥onee pick

10분 * **1인분**

재료

참외 1개
루꼴라 10g
레몬 1/2개
올리브 오일 2큰술
소금 2꼬집
통후추 약간
허브 잎 약간(생략 가능)

참외가 나오는 계절이면 주기적으로 만들어 먹는 사랑스러운 요리. 소금을 뿌려 본연의 단맛을 끌어내고, 레몬 제스트를 더해 싱그러운 맛을 한껏 끌어올린 참외 샐러드를 소개합니다. 눈으로 먼저 즐긴 후 여름의 싱그러움을 온몸으로 느끼며 맛보세요. 참외 하나로 이렇게 근사한 한 접시를 완성할 수 있다니 놀랍지 않나요?

Recipe

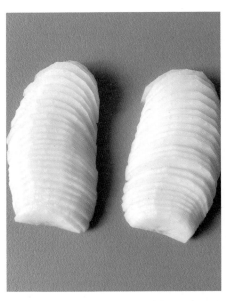 

1 참외는 껍질을 벗겨 2등분한다. 숟가락으로 씨 부분을 긁어낸 후 얇게 썬다.

2 그릇에 참외를 펼쳐 올리고 올리브 오일, 소금, 후추를 뿌린다.

3 루꼴라를 얹고 레몬 껍질을 그레이터로 갈아 올린 후 **4** 허브 잎을 더해 장식한다. ＊사진에서는 딜, 한련화 잎을
레몬즙(약 1큰술)을 전체적으로 뿌린다. 사용했다.

- 소금은 입자가 큰 '말돈 솔트'를 추천해요. 손으로 으깨가며 뿌리면
  중간중간 씹는 재미가 느껴져요.
- 데친 새우와 콩 등을 더해 버무리는 형태로 만들면 더 포만감 있는
  샐러드가 탄생합니다(257쪽 사진 참고).

연말 플레이트 아이디어

연말마다 '올해의 크리스마스 플레이트'를 만들곤 해요.
접시에 샐러드 채소, 치즈, 과일 등을 올려 한 폭의 그림처럼 꾸미는 거죠!
집에 온 손님들이 너도나도 사진을 찍으며 정말 좋아한답니다. 몇 가지 장식 팁을 소개해 드릴 테니
여러분도 식탁 위에 맘껏 꾸민 크리스마스 액자를 하나씩 올려보면 어떨까요?

✳

Idea 1

그라나파다노 치즈를 그레이터로 갈아 뿌리면
눈이 내린 모습을 표현할 수 있어요.

Idea 2

하드 치즈(콩테, 고다 등)를 하몽이나 프로슈토로 돌돌 말아
뾰족한 트리 형태를 만들 수 있어요.

Idea 3

황도를 작게 잘라 달 모양을 만들어 보세요.
한 해를 마무리하는 분위기, 소박한 저녁 파티 분위기와 잘 어울린답니다.

Idea 4

루꼴라는 풀 장식을 할 때 유용해요.
동그란 접시 테두리에 리스처럼 둘러도 좋아요.
잎이 큰 루꼴라보다는 여린 잎의 '와일드 루꼴라'를 추천합니다.

Idea 5

작은 크기의 생 모짜렐라 치즈, 부라타 치즈 등으로 눈사람을 만들 수 있어요.
통후추로 눈을, 청포도 등의 과일로 모자를 만들어도 좋아요.
실제 눈사람을 꾸밀 때처럼 자유롭게 장식해 보세요.

DESSERT PLATE

06

바나나
브륄레

Banana Brûlée

5분 * **1인분**

재료

바나나 1개
설탕 2~3큰술

설탕 막을 톡톡 깨서 먹는 프랑스식 디저트 크렘 브륄레(crème brûlée). 본래 커스터드 크림을 이용해서 만드는 게 특징이지만 크림 없이 바나나를 활용해 아주 간단하게 만들 수 있습니다. 설탕과 바나나만으로 얻을 수 있는 작은 행복을 느껴보세요!

1 바나나는 세로로 2등분해 내열 그릇에 올린다. ＊ 굽기   2 바나나 위에 설탕을 골고루 뿌린다.
전 사이사이 한입 크기로 깊게 칼집을 내주어도 좋다.

3 토치로 설탕을 녹여가며 갈색빛이 돌도록 굽는다.

4 잠시 기다리면 설탕막이 생기며 굳는다. 막을 깨뜨리며 먹는다.

- 검은 점이 생기기 시작한 바나나를 사용하는 것이 가장 맛있어요.
- 설탕은 녹았다 다시 굳으면서 막이 생겨 바삭해집니다. 구운 후 오래 두면 바나나의 수분으로 인해 설탕이 다시 녹으니 먹기 직전에 구워야 해요. 설탕막 위로 초코시럽 또는 카라멜시럽을 더해도 좋아요.

오렌지
티라미수

Orange Tiramisu

20분 * **1인분**

재료

오렌지 1개
레이디핑거 쿠키 3개
에스프레소 샷 1잔(약 60ml)
다크 초콜릿 약간
마스카포네 치즈 2큰술(70g)
설탕 1큰술(10g)
꿀 1/2큰술
허브 잎 약간(타임, 애플민트 등)

'오랑제트(orangette)'라는 디저트를 먹다가 초콜릿과 오렌지의 조합이 참 좋다고 느껴 티라미수 레시피로 응용해 보았어요. 오랑제트는 설탕에 졸인 오렌지를 녹인 초콜릿으로 코팅한 프랑스식 디저트인데, 만들기는 번거롭고 사 먹기에는 다소 비싼 편이에요. 대신 이렇게 티라미수로 변형하면 간편하면서 색다른 매력으로 즐길 수 있답니다.

Recipe

1 커피머신으로 에스프레소 1샷을 내린다. 레이디핑거 쿠키에 에스프레소를 부어 전체적으로 적신다. * 1샷의 양이 부족할 경우 뜨거운 물을 약간 더한다.

2 커피가 전체적으로 스며들면 잠시 냉장 보관한다.

3 볼에 마스카포네 치즈, 설탕을 넣고 섞는다.

4 차갑고 부드러운 상태의 쿠키 위에 ③을 듬뿍 올려 펴 바른다.

5 크림 위에 오렌지 껍질과 다크 초콜릿을 그레이터로 갈아 뿌린다. * 초콜릿 대신 코코아파우더를 사용해도 좋다.

6 오렌지를 작게 잘라 양면에 꿀을 바른다.

7 꿀을 바른 오렌지 조각, 허브 잎을 올려 장식한다.

 커피머신이 없을 경우 소량의 뜨거운 물에 커피가루를 진하게 타거나
콜드브루 원액을 활용해도 무방해요.

프렌치 바게트 토스트

French Baguette Toast

10분
(+숙성시키기 6시간 이상)
＊ 1인분

재료
바게트 1/3개
우유 100ml
설탕 2큰술+1큰술
달걀 1개
버터 15g

토핑(취향껏 선택)
과일
메이플 시럽
부라타 치즈
바닐라 아이스크림

하룻밤을 기다리면 그 시간만큼 더 맛있어지는 겉바속촉 토스트. 두툼하게 조각낸 바게트를 우유 달걀물에 담가 형태가 뭉개질 정도로 오래 재워 촉촉하게 만드는 게 포인트예요. 구울 때 설탕막을 입혀가며 모양을 잡아 주기에 비주얼도 살릴 수 있답니다. 취향껏 다양한 토핑을 올려 즐기세요.

Recipe

1 바게트는 4cm 두께로 두툼하게 썬다.

2 볼에 우유, 설탕(2큰술), 달걀을 넣고 골고루 섞는다.

3 밀폐 용기에 ②를 붓는다. 바게트를 넣고 뒤집어가며 빵에 달걀물이 어느 정도 스며들면 냉장실에 넣어 6시간 이상 숙성시킨다.

4 달군 팬에 버터를 녹이고 설탕(1큰술)을 골고루 뿌린다.

5 재워 둔 바게트를 올려 굽는다.

6 설탕이 녹았다가 다시 굳으면서 바게트 겉면에 설탕막이 생긴다. 뒤집어가며 옆면도 골고루 굽는다.

7 그릇에 토스트를 담고 원하는 토
  핑을 올린다.

- 빵이 흐물거릴 정도로 충분히 재워야 맛있기에 하루 전날 밤에 미리
  준비해 두면 좋아요.
- 토핑으로 과일, 바닐라 아이스크림, 메이플 시럽 등을 활용합니다.
  특히 메이플 시럽 & 부라타 치즈의 조합을 추천해요. 고소한 맛은 물
  론 따뜻한 토스트와 차가운 치즈의 신선한 조화를 느낄 수 있답니다.

메밀 타코

Buckwheat Taco

20분(+반죽 숙성시키기 1시간)
* **4개**

재료
옥수수 1/3개
두툼한 베이컨 100g
그라나파다노 치즈 3큰술
피자치즈 80g
꿀 2큰술
식용유 2큰술

반죽
메밀가루 60g
물 120ml
소금 2꼬집

메밀 반죽으로 만들어 부담 없이 즐길 수 있는 타코. 어떤 재료를 더해도 잘 어울리지만 맛과 색감, 식감까지 살려주는 옥수수와 풍미 가득한 베이컨을 올려봤어요. 치즈를 얹고 토치로 구워내 고소하고 짭조름한 맛도 더했답니다. 마지막으로 꿀을 뿌려내면 완벽한 단짠 조합이 완성돼요.

Recipe

1 볼에 반죽 재료를 넣고 섞은 후 랩을 씌워 냉장고에서 1시간 이상 숙성시킨다. * 숙성 후에는 반죽이 좀 더 걸쭉해진다.

2 옥수수는 알이 흩어지지 않도록 심지에 가깝게 칼을 대고 썬다. 베이컨은 한 입 크기로 썬다. * 둘의 크기를 비슷하게 맞춰준다. 베이컨은 두툼한 것을 사용해야 풍미와 식감이 좋다.

3 달군 팬에 베이컨을 넣고 앞뒤로 노릇하게 구운 후 덜어 둔다.

4 달군 팬에 식용유를 두른 후 키친타월을 이용해 전체적으로 코팅을 한다. 약불에서 메밀 반죽 1국자를 떠 올린 후 얇게 펼친다.

5 반죽 윗면에 기포가 생기면서 익으면 뒤집는다.

6 그 위에 베이컨, 옥수수를 얹고, 그라나파다노 치즈를 갈아 올린 후 피자치
   즈를 뿌려 토치로 굽는다.

7 그릇에 담고 꿀을 뿌린다. 반으로
   접어서 먹는다.

고기, 새우, 아보카도, 구운 양파 등 취향에 따라 토핑을 다양하게 활용
해 보세요.

베이컨 무화과 스프레드

Bacon Fig Cheese Spread

10분 * 1~2인분

재료

마스카포네 치즈 200g
건 무화과 2개
베이컨 3줄
견과류 30g(피칸 또는 호두)
꿀 2큰술

담백한 베이글에 듬뿍 발라 먹기 좋은 치즈 스프레드. 건 무화과와 바싹 구운 베이컨을 넣어 단짠 조합을 맞추고 씹는 맛을 살렸어요. 입맛 없는 아침에 한입 가득 먹으면 새삼 행복해진답니다. 베이글 가게에서 사 먹기엔 다소 비싼 스프레드를 집에서 간단하게 넉넉히 만들어 보세요.

1 건 무화과는 꼭지를 제거하고 잘게 썬다. 견과류는 마른 팬에 살짝 볶은 후 빻거나 다져서 준비한다.

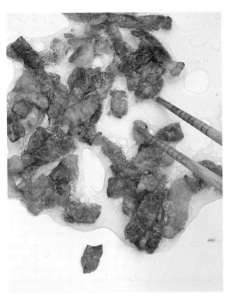 

2 베이컨은 잘게 썰어 바짝 볶은 후 기름기를 제거한다.　　**3** 볼에 모든 재료를 넣고 섞는다.

- 완성된 스프레드는 빵이나 크래커에 발라 먹거나 샌드위치 속재료
  로 사용합니다.
- 마스카포네 치즈 대신 크림치즈를 사용해도 무방해요. 마스카포네
  치즈보다 신맛이 조금 더 강한 편이니 참고하세요.

무화과
버터

Fig Butter

10분
(+무화과 부드럽게 하기 2시간 이상)
＊4덩이

재료
무염 버터 200g
건 무화과 4개
메이플시럽 2와 1/2큰술
소금 1/2작은술

빵이나 크래커 등 어디에나 쓱쓱 발라 먹기 좋은 홈메이드 무화과 버터. 중간중간 씹히는 무화과의 식감과 녹진한 단맛이 매력적이랍니다. 손님 초대 시 식전 빵에 곁들이면 세심하게 신경 쓴 느낌을 낼 수 있어요. 가벼운 혼술 안주로도 추천합니다.

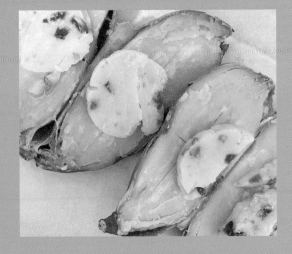

Recipe

1 버터는 반나절 동안 실온에 꺼내 두어 크림화한다.

2 건 무화과는 꼭지를 제거하고 잘게 썬다.

3 볼에 모든 재료를 넣고 충분히 섞 는다.

4 건 무화과가 수분을 머금어 부드 러워질 수 있도록 바로 굳히지 않 고 실온에 2시간 이상 둔다.

5 한 번에 먹을 양만큼 랩으로 단단 하게 감싸 냉동 보관한다.

6 먹기 전 미리 꺼내 두었다가 부드러워지면 크래커, 빵 등에 곁들여 먹는다.

onee tip
· 건 무화과를 구하기 어려울 경우 버터에 시판 무화과잼을 섞어도 비슷한 맛을 낼 수 있어요. 그러나 식감과 풍미를 위해 건 무화과 사용을 추천합니다.
· 뜨끈뜨근한 군고구마에 무화과 버터 한 조각을 올려 녹여 먹어도 좋습니다(285쪽 사진 참고).

풋콩 모찌

Bean Paste Rice Cake

20분 * 1인분

재료

풋콩 150g(깍지 무게 포함)
키리모찌 또는 찹쌀떡 2덩이
설탕 1큰술

생 와사비를 듬뿍 얹은 듯한 착각이 드는 낯선 비주얼의 이 음식은 일본 미야기현의 명물로 여겨지는 '풋콩떡(즌다모찌, ずんだもち)'입니다. 초록색 페이스트의 주인공은 바로 풋콩이에요. 이자카야 기본 안주인 깍지콩과 시판 키리모찌를 활용해 간편하게 재현했습니다. 생소해 보이지만 한입 먹어보면 달콤하고 고소한 풋콩소의 매력에 빠지게 될 거예요.

Recipe

 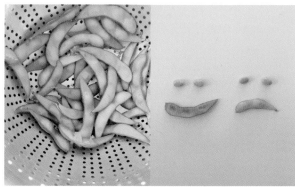

1 끓는 물(소금 1큰술 추가)에 풋콩을 넣고 10분간 삶는다.

2 실온에서 식힌 후 껍질을 벗긴다.

3 절구에 콩을 넣어 빻다가 반쯤 으깨지면 설탕을 더해 섞어가며 빻는다.
   * 믹서보다 절구를 사용해 빻아야 식감이 더욱 좋다.

4 끓는 물에 키리모찌를 넣고 3분간 삶는다.

5 먹기 좋은 크기로 조각낸 후 그릇
에 담는다.

6 키리모찌에 ③의 풋콩소를 넉넉히
얹는다.

 풋콩은 '자숙대두'로 검색하면 냉동 제품으로 구입 가능하며 완두콩으
로 대체해도 무방해요.

후르츠
판나코타

Fruit Pannacotta

10분(+굳히기 약 2시간)
* 1인분

재료
판젤라틴 1장(2g)
우유 140ml
휘핑크림 60ml
아가베 시럽 2큰술
(또는 설탕 10g)
과일 적당량

기다림의 시간을 거쳐 완성되는 부드럽고 달콤한 디저트 판나코타! 조리법은 아주 간단하기에 충분한 시간 여유만 있다면 손쉽게 만들 수 있어요. 젤라틴을 사용한다고 하면 왠지 어렵게 느껴지지만, 판젤라틴을 구비하면 집에서도 손쉽게 다양한 종류의 푸딩을 만들 수 있답니다. 계절에 따라, 취향에 따라 좋아하는 과일을 올려 멋지게 완성해 보세요.

Recipe

1 찬물에 판젤라틴을 넣고 5분간 불린 후 건져 물기를 꼭 짠다.

2 볼에 우유, 휘핑크림, 아가베 시럽을 넣고 섞는다.

3 냄비에 ②를 넣고 약불에서 데운다. * 끓어오르면 우유막이 생기므로 따뜻해질 정도로만 데운 후 불에서 내린다.

4 데운 우유에 불린 판젤라틴을 넣어 녹인다.

5 깊은 그릇에 ④를 담고 미지근하게 식힌 후 랩을 씌워 냉장고에서 1시간 30분 이상 굳힌다. * 냉장고에 넣기 전에 젓가락으로 우유 거품을 톡톡 터뜨려 제거한다.

6 과일을 적당한 크기로 썬다.

7 굳은 판나코타에 과일을 올린다. ＊사진은 청포도 슬라이스＋레몬 제스트, 무화과＋꿀＋피스타치오 2가지 버전으로 만든 것이다.

onee tip 통조림 복숭아 또는 편의점에서 소량씩 판매하는 간편 과일팩(망고, 파인애플 등)을 활용해도 됩니다. 여름철에는 살짝 찐 초당옥수수를 올리면 계절에 맞는 별미 디저트가 탄생해요.

곁들이기 좋은 마실거리

- 홈메이드 음료편 -

소박한 홈파티와 잘 어울리는 음료 5가지를 소개합니다.
한번에 준비해 여럿이서 즐기기에 좋으며, 비주얼도 멋진 음료로 골라봤어요.

뱅쇼

겨울이면 꼭 생각나는 달달하고 따뜻한 뱅쇼. 와인 한 병에
사과, 오렌지 등의 과일을 넣고 시나몬 스틱, 정향, 팔각을 더
해 팔팔 끓여주세요. 달지 않은 와인이라면 설탕이나 꿀을 꽤
넉넉히 넣어야 합니다. 과일이 부족하다면 오렌지 주스를 더
하는 것도 방법이에요.

뱅쇼 블랑

화이트 와인으로도 뱅쇼를 끓일 수 있다는 사실 아시나요?
새빨간 뱅쇼와는 또 다른 매력을 가진 뱅쇼 블랑도 만들어 보
세요. 만드는 방법은 뱅쇼와 같지만 과일주스를 넣을 땐 와인
보다 색이 진한 오렌지 주스보다는 사과 주스를 추천합니다.

와인 에이드

술을 잘 마시지 못하는 손님이 집에 오면 와인 에이드를 만들어 주곤 해요. 와인과 토닉워터의 비율을 1:2로 섞은 후 얼음을 듬뿍 넣으면 완성됩니다. 얼음을 얼릴 때 허브 잎을 하나씩 넣어 주면 향도 더할 수 있고 멋도 부릴 수 있답니다. 세심한 정성에 손님들이 감동할 거예요.

패션후르츠 에이드

집에서 과일청을 만들 때 패션후르츠를 활용해 보세요. 손질이 쉬워 아주 간편하게 과일청을 만들 수 답니다. 패션후르츠의 과육을 숟가락으로 긁어모은 후 설탕과 섞어 하루 동안 실온에서 숙성하면 완성돼요(과육과 설탕은 2:1 비율). 냉장 보관해 두었다가 잔에 패션후르츠청, 얼음, 탄산수를 섞으면 금세 근사한 에이드를 만들 수 있어요. 로즈마리 잎을 한 줄기 꽂으면 코끝에 닿는 향까지 참 좋아요.

위스키 레몬 샤베트

멋진 어른처럼 쓰디 쓴 위스키 한 잔을 즐기고 싶지만 단독으로 즐기기엔 어색하다면 차가운 레몬 샤베트를 퐁당 더해 보세요. 밀폐 용기에 레몬 2개의 즙을 짠 후 설탕 3큰술을 섞어 얼립니다. 중간중간 꺼내 포크로 긁어 샤베트 질감을 만들어 주세요. 레몬 샤베트가 완성되었다면 슬라이스 레몬 1개분과 샤베트를 겹겹이 쌓아 냉동 보관해 두고 위스키를 마실 때 한 조각씩 더하면 됩니다.

곁들이기 좋은 마실거리

- 와인편 -

제가 가장 좋아하는 술은 바로 와인입니다. 수많은 홈파티를 하며 여러 가지 와인을
접해보았는데요. 꼭 추천하고 싶은 것들을 골라 리스트업했어요.
특징이 다른 와인으로 선별했으니 취향에 맞게 골라보세요.

Unlitro

보통 와인의 용량이 750ml인데 비해 용량이 1L라는 점이 가장 마음에 드
는 레드 와인 운리트로. 호불호 없이 누구나 좋아할 맛이 나기에 파티 와인
으로 추천해요. 너무 드라이하지도, 그렇다고 너무 가볍지도 않답니다. 부
드러우면서도 약간의 페퍼리한(peperry ; 후추처럼 알싸한) 맛이 느껴져
요. 이 책에서 소개한 버섯, 고기 메뉴와도 잘 어울리고, 치즈와 가볍게 한
잔씩 마시기에도 좋습니다.

Abbraccio

와인 초보에게 추천하는 달달한 레드 와인이에요. 저는 딸기잼 맛이 난다
고 표현하는데, 함께 마신 친구들 모두 고개를 끄덕거렸답니다. 뱅쇼를 끓
일 때 이 와인을 활용하면 설탕을 따로 더하지 않아도 적당한 당도를 낼 수
있어요. 가격도 저렴한 편이라 가성비도 좋아요.

Mount Riley Sauvignon Blanc

방금 막 잔디를 깎은 듯한 풋풋함이 느껴지는, 싱그러움이 폭발하는 화이트 와인입니다. 뉴질랜드 쇼비뇽 블랑 품종으로 만들었으며 너무 시큼하지 않으면서 적당히 산뜻한 맛이 매력적입니다. 한 와인바에서 처음 접하고는 몇 달 동안 이 와인만 찾아다녔을 정도로 제 취향에 딱 맞았답니다. 화이트 와인이기에 해산물과의 궁합이 좋아요.

Fortanina La Luna

식사를 마무리할 때 디저트처럼 먹기 좋은 와인이에요. 흔하지 않은 타입의 스파클링 레드 와인인데, 저는 이 와인에서 블루베리 요거트를 먹는 듯한 느낌이 들었어요. 잔에 따랐을 때 색감도 매력적이에요. 살짝 느껴지는 탄산감이 기분을 좋게 해 주기에 기념일에 즐기거나 선물하기에도 참 좋답니다.

고흥 유자주, 유즈슈

와인은 아니지만 한식과 잘 어울리는 유자주도 추천하고 싶어요. 과하게 달지 않으면서도 유자의 상큼한 향이 음식의 느끼함을 잡아줘요. 특히 고기 요리에 곁들이기 좋아요. 한국의 유자주는 전통주스러운 맛이 나기에 작은 잔에 조금씩 따라 마시길 추천하고, 일본의 유즈슈는 좀 더 진하기 때문에 얼음과 함께 큰 잔에 따라 마시거나 탄산수에 타 먹으면 더욱 맛있답니다.

추천 세트 메뉴

이 책에 실린 메뉴는 대부분 한 접시 요리이기에 여럿이 모이는 홈파티를 준비할 때는 세트로 구성해 보세요. 맛 조합과 재료 활용도를 고려해 구성한 세트를 소개합니다. 여기에 Small Side Dish 220쪽와 Dessert Plate 262쪽의 메뉴를 더해 가짓수를 늘리는 것도 추천해요.

부모님에게 차려드리기 좋은 한 상

Set 1
흑초 등갈비 124쪽 + **알배추 구이** 200쪽 + **들기름 묵은지 파스타** 66쪽
부모님이 너무나 좋아하셨던 메뉴 조합입니다. 감칠맛 가득한 흑초 등갈비에 알배추 구이를 곁들이면 좀 더 푸짐하게 즐길 수 있어요. 한식풍 파스타를 함께 내면 완벽한 한 상이 완성됩니다.

Set 2
고추잡채 & 꽃빵 136쪽 + **솥밥 1가지** 34쪽 · 42쪽 · 54쪽
꽃빵에 싸 먹는 재미가 쏠쏠한 고추잡채와 뜨끈한 솥밥을 함께 내면 든든한 한 끼를 대접하는 기분이 든답니다.

Set 3
베이컨 감자채전 188쪽 + **들기름 메밀소바** 74쪽 + **간장 소스 우엉 튀김** 204쪽
남녀노소 좋아하는 감자채전과 고소하면서도 새콤해 입맛을 돋우는 들기름 메밀소바를 조합해 보세요. 우엉 튀김까지 곁들이면 좀 더 신경 쓴 느낌이 납니다. 막걸리 한 잔 곁들이기 좋은 세트입니다.

둘이서 즐기는 소소한 홈파티

Set 1
스키야키150쪽 or **양배추 베이컨 나베**176쪽 + **명란 표고버섯**192쪽
사케나 소주 등 맑은 술과 어울리는 일식 스타일의 세트입니다. 스키야키나 나베의 남은 국물에는 우동면을 넣어 푸짐하게 즐겨보세요.

Set 2
파피요트140쪽 + **짬뽕 파스타**106쪽
화이트 와인과 함께하면 좋을 해산물 한 상입니다. 담백한 맛의 파피요트와 매콤한 짬뽕 파스타의 조합은 훌륭해요.

Set 3
버섯 파스타102쪽 or **버섯 도리아**14쪽 + **트러플 양배추 구이**172쪽 or **팽이버섯 구이**216쪽
가볍게 만들어 든든하게 먹기 좋은 조합입니다. 채식하는 분들에게도 추천해요.

여러 명의 손님이 모이는 집들이

Set 1
에그 미모사228쪽 + **간장 소스 목살꼬치**132쪽 + **대파 감바스**184쪽
미리 준비해 두었다가 휘리릭 완성해 식탁에 낼 수 있는 메뉴들의 조합입니다. 산뜻한 에그 미모사로 시작해 달콤한 소스의 고기를 맛보고, 대파 감바스에 바게트까지 곁들여 푸짐하게 즐겨보세요.

Set 2
로메인 쌈 샐러드236쪽 + **흑초 등갈비**124쪽 + **팽이버섯 구이**216쪽
로메인 쌈 샐러드는 하나씩 집어먹기 편해 집들이 전채 요리로 제격이에요. 푸짐한 흑초 등갈비는 여럿이 즐기기에 좋고, 팽이버섯 구이는 어떤 요리에도 어울리는 완벽한 사이드 메뉴라고 자부해요.

Set 3
참외 샐러드256쪽 + **닭다리살 덮밥**18쪽 or **항정살 덮밥**30쪽 + **로메스코 소스 & 알감자 구이**208쪽
호불호 없이 누구나 좋아하는 덮밥을 한 공기씩 준비하고, 로메스코 소스는 미리 만들어 두었다가 알감자 구이에 올려 냅니다. 로메스코 소스는 닭다리살 구이와도 잘 어울리니 참고하세요.

@oneecook